PYXIS
OCTANS
HYDRUS
ARA
CANIS M
ANDROMEDA
APUS
ARIES
TRIANGU
AQUARIUS
VELA
VULPECULA
RETICULUM
AQUILA
LYRA
VIRGO
NOR
MUSCA
ANTLIA
AURIGA
BOOTES
MONOCEROS
MICROSCOPIUM
CE
CANCER
CAELUM
CRUX
ICTOR
PISCES
CEPHEUS
HYDRA
PISCIS AU

STORIES
IN THE STARS
An Atlas *of* Constellations

星空故事

88站夜空漫游指南

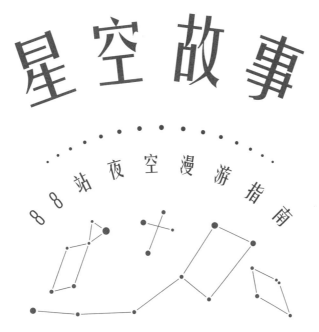

[英] 苏珊娜·希斯洛普 著　　[英] 汉娜·沃尔德伦 绘

夏高娃 译

北京联合出版公司
Beijing United Publishing Co.,Ltd.

Contents

I SPY IN
THE NIGHT SKY

我在夜空中看见……

我站在那里，站在那片田野中央。早在好几个小时之前，一起来的朋友就跟我走散了，这时离手机普及还有很多年，而且我这个十五岁的小孩儿怎么可能拥有自己的手机呢？我用胶带捆在鞋上防水用的塑料袋早已变得松松垮垮，从缝隙钻进去的烂泥渗透了我的彪马运动鞋。

这首歌的歌词我早就背得滚瓜烂熟了，此时的我正用尽浑身的力气把它们大声吼出来（和我身边像密封罐中的惰性气体一样挤作一团，时而互相冲撞推搡，时而钻出去买瓶啤酒透透气的人一起），好像只有这样才能表达见到眼前这四颗巨星时我那种忘乎所以的激动。

虽然这首歌我唱过好几百遍——在我自己的卧室里，在洋溢着费洛蒙的派对上，在尚未完工的体育场边——我却不知道它说的是什么。我甚至不能把歌词拼写出来：对我来说，那只不过是一些声音与音节而已。

所以我当然不知道，台上的亚历克斯·詹姆斯[1]唱的都是些关于天文的东西；更不知道我跟着他一起对着夜空唱出的那些奇奇怪怪的歌词正是头顶上某些卫星、行星与恒星的名字。退一步讲，就算我确实明白那些刻在我脑海里的词句说的是什么，我应该也不会抬头看：因为这时候雨下得正大，豆大的水珠成串地顺着我冲锋衣的帽檐滚落。可是如果当年的我将视线从灯光闪耀的舞台上移开，抬头望向六月的夜空的话，我也许就能看到天蝎座与射手座运行至最高点，看见头顶北冕座那闪亮的冠带，甚至能看到"牵牛"与"织女"——哪怕是在抽象的歌词中，这两个名字对我来说也格外重要——而它们与天津四共同构成的夏季大三角，此时正在黑暗的夜空中上行。

可是现在，我还是唱歌吧。我唱着那些高深莫测的歌词，那些歌词向我阐述着广袤宇宙的神秘与奇趣，它们在这一刻意义非凡。

公元 150 年前后，生活在亚历山大港的希腊裔埃及天文学家、地理学家及数学家克罗狄斯·托勒密，编写了一部规模空前、内

---

1. Blur 乐队的贝斯手。这一段落中提到的歌曲是 Blur 乐队的 *Far Out*。——译者注（本书注释部分若无特殊说明，均为译者注。）

容革新的天文学著作。这部著作不仅堪称希腊－罗马学者在这一领域的学术巅峰之作，而且时至今日，我们观察星空时依旧遵循着由它制定的规律：这部著作中把上千颗星星归入四十八个星座的星图，正是我们今日使用的星图的基础。这份星图很大程度上参考了公元前2世纪的希腊学者**喜帕恰斯**[1]的观测成果，而喜帕恰斯的研究在某种角度上又是古希腊天文学的绝唱。到了公元8世纪，巴格达取代亚历山大成为古代的科学中心。而幸运的是，那部名为《数学文集》[2]的著作以阿拉伯语手抄本的形式得以保存，并逐渐成为天文学家们的"圣经"。在漫长的流传过程中，这部著作以阿拉伯语译名《至大论》[3]而闻名于世，而它的编写者——实际上人们对于他的生平知之甚少——则化身为神秘又声名狼藉的**托勒密**。

如同历史加诸托勒密本身的迷雾，我们对星空的好奇心不仅在于科学，更在于其中的故事。每一种用天文学理论阐释苍穹的尝试，既是当时社会科学成就的代表，又是其文化的体现，因为人们描述星空的方式正是其集体想象的升华。

正如英国作家兼艺术家约翰·伯格曾经写过的一段话：

> 那些发现星座并给它们命名的人是讲故事的大师。在散落在天幕上的群星之间画出的那道只存在于想象中的线条赋予了它们名字和身份，这条线串联起星星，就如同叙事的脉络串联起故事中的事件。当然，对星座的想象既不会改变星星本身，也不会改变包围着它们的那片漆黑的虚无，它改变的只是人们解读星空的方式。

托勒密著作中那些令人印象深刻的观察实验也正是如此，如果它们不是传说与数学的完美结合的话，怎么能够在一千多年的时间中得以保全并广为流传呢？

猛兽咆哮着穿过夜空，猎人带着猎犬穿行于星辰之间，最初讲述这些故事的人当然并不是托勒密，但他是那个最先在大熊座里勾画出巨熊、在猎户座中描绘出系着束带的**俄里翁**英姿的人。我们永远都不可能确切地知道，千年之前，我们的祖先仰望头顶广袤的黑暗时到底讲述了什么样的传说。我们也不可能知道，那些由托勒密本人言之凿凿地记载在他的《天文学大成》中的传说是来自沙漠、高山还是远古城市中尘土飞扬的街巷；更不可能知道，那些曾经被亚述、巴比伦或者古埃及的人所崇拜的动物、神祇与英雄如何跨越时间与海洋，最终悄无声息地融入了古希腊人的时代精神。而希腊神话中的那些人物又是如何更改了姓名，化身为罗马众神，这对我们

1. Hipparchus这个名字在中文中的翻译方法有一定的争议，此处姑且选用提及天文学家本人时较常用的"喜帕恰斯"。
2. 原文为"Mathēmatikē Syntaxis"，托勒密著作《天文学大成》的希腊语原名。
3. 原文为"Almagest"，托勒密著作《天文学大成》阿拉伯语名称的英文转写，意为"至大"，来源是《数学文集》的拉丁语别名"伟大论文（Magna Syntaxis）"。

来说不仅是无法彻底解开的谜团，更延伸了无休无止的困惑：比如我们是应该叫那个完成十二项伟业的英雄赫丘利还是**赫拉克勒斯**（武仙座）；又应该称呼众神的王后**赫拉**还是**朱诺**（至于我呢，我选择任性地把这些全部混为一谈）？

古希腊人吸取了美索不达米亚关于星星的学问，又用自己的方式把它们讲述出来。在那之后，不论是阿拉伯人、中世纪的修道士、16世纪那些勇敢无畏的航海家，还是启蒙运动时期装备了早期望远镜的天文学家，他们都对过去的星空故事做过有趣而独特的补充。19世纪一位名为席勒的制图家试图为星座添加《圣经》中的名字与典故，好给星空也来一次基督教化。而到了20世纪，又有一位地球仪工匠重塑了星座的故事，让它们刚好能够对应《爱丽丝漫游奇境记》里面的情节。这一切都没有脱离西方世界的视角。古代的中国人自有一套与西方截然不同却也同样完备的天文学系统，而这片充满奇妙传说的天空却往往为傲慢的殖民者所忽视，直到近些年才开始在它们诞生的文化圈之外流传。

除此之外，几个世纪以来，天文学与航海技术一直在不断发展，这就意味着总会有新的星座被创造出来，与此同时，它们的创造者又在不断扩张的星空地图上记录下自己的见解——不管他们是发现新大陆与新物种的欧洲探险家，还是那些一边继续观测银河系中未知的部分，一边使观测工具同样名留青史的18世纪科学家。因此，到了20世纪初期，在传说故事之外，还涌现出了一批种类繁多并且往往相互矛盾的星图、星表与星座目录。星座背后那些千姿百态的神秘传说、现实与幻想，在讲故事的人看来喜闻乐见，对于观测者来说却没有什么帮助。几个世纪以来，世界各地的制图家不仅在如何界定与描绘群星形象上存在着巨大的分歧，对星座的名称、数量以及其中星体的数量也是众说纷纭。

除此之外，还有一个（延续至今日的）谜团："星群"和"星座"的区别到底是什么？实际上"星群"所指的只是一组星星的集合，比如所谓的北斗七星；而像大熊座这样的"星座"则是在夜空中划分出的一个区域（虽然它们在历史上通常被认为是某个固定的形象），并且包含这一区域的所有天体。古希腊天文学家和他们的后继者往往随意地用他们在星空的连线图所组成的动物、神祇或英雄的形象为星座命名（有趣的是，不少非西方文明并不会这样做），但是随着20世纪拉开序幕，这种既过时又不够实用的系统早已无法跟上天文学家借助飞速发展且日益精进的技术发现新天体的速度了。

于是，国际天文学联合会（简称IAU，于1919年建立）在1922年采取了行动，正式确定了当今我们使用的八十八个星座，又委托一位名为**尤金·德尔波特**的比利时天文学家为有史以来争议颇多的星座界域绘制一份决定性的分布图。到了1930年，这种既科学精准又具有权威性的星空图表绘制法得到了各国的认可。在那之后，星座再也不是用想象中的线条连接起来的某一组星星，而是天球上拥有精确定位的某个区域。

本书并不是一本严谨的天文学著作（如果它的确是这样的一本书，那么我就不是创作它的最佳人选了，我了解的只是群星中的故事，而不是科学）。然而，插画家汉娜·瓦尔德隆、设计师威尔·韦布和我还是一起努力为本书呈现的星图幻想添加了一些简单的天文学要素。在汉娜绘制的插图中，那些在星座里串联起各点的线条呈现的就是IAU官方指定的星座边界。虽然IAU并没有正式承认星群的定义，但他们认同构成图案的是星星之间"古已有之"的连接，因此我们在绝大多数插画中沿用了这些连线方式。就像过去那些绘制过美妙星图的画师一样，汉娜自由地发挥了她独特的天赋，根据我讲述的故事，在每个星座的界域内创造了属于它们的图画。至于对星体光度的表现，汉娜在插画中用橙色的星星和连线描绘星座的形状，并用指代星星的点的大小表示它们在地球上观测到的"视星等"——一颗星的视星等数值越低，观测到的亮度就越高——每个插图页底部都附有那一页中示意点大小与其相应星等的对照图。而那些在IAU界定下属于某一星座却不直接构成该星座的轮廓、星等在4.0以上的星星，则由虚线拟出的星座界域内较小的蓝点或白点表示，但具体的星等不再予以标记（你还听得进去吗？）。传统上，一般用希腊字母标记星座中的每一颗星，并用字母顺序体现它们的明度，用α标记的是星座中的"最亮星"（最亮的那一颗），之后依照亮度递减分别标记为β、γ等。虽然我们没有在插画中做出这样的标记，但我还是会在文字中偶尔使用这些名字。说到文本，其中用橙色字体标出的是星座的名称，而用黑体字标记的是出现在一个故事以上的虚构或非虚构人物姓名。希望阅读此书的你们能像我一样，在连接点点星辰的过程中找到乐趣。

　　当然，把星星糅合进故事是一回事，理解天体制图又是另外一回事，后者可比前者要困难多了。所以，我在这里还得分享最后一条可能会有帮助的天文学知识。所谓的天球是笼罩在地球之上的虚拟的球体结构，天文学家根据它构成的穹顶来对夜空进行测量。这个球体分为南、北两个半球，而从不同的地区看到的星空的差别，一点都不比不同文化对星空的描述的差别小。不管在什么时候，我们看到的都只不过是这天球的一半——地球的自转与我们在轨道上的位置决定了天球不论何时总会有一半藏在我们脚下。换句话说，我们能够看到什么样的星空，都是由我们的星球每天的自转与每年的公转决定的。

　　正是这种简单的运动让我们的夜晚变得越发浪漫。星座随着季节变迁，在各个时节的夜色留下各异的美景；它就像一盏神奇的灯笼，投射下的不是阴影，而是光芒，那无比耀眼的光芒点亮了一代又一代人共同创造的传说。

　　我走在去学校的路上，和同行的朋友吵着架。她把头发染成了绿色，总是一副愁眉不展的模样，跟我一样是Blur的真爱粉。我们几乎每天早上都吵架，几乎每次都吵得很凶，并且每次都围绕同一个话题：科学和艺术到底哪一个更好？而十五年后的她像当年一样，继续对我"艺术比科学更优越"的论点发起严肃的挑战，只不过论据变成了她在乌兹别克斯坦抗击具有多种抗药性的结核病菌的充满危险的一年经历。但是，说真的，科学与艺术是不可分割的。科学就是故事，而故事也是科学。我们观察身边的世界，我们发现了一些规律，我们尝试着寻找其中的意义。

然后我们抬头仰望。

这是讲故事的人独享的仰望星空的荣耀：在我们头顶上空展开的是一张一笔未写的漆黑书页，是一方散落着白点的纯黑画布，无数的传说、宗教、摇篮曲与童话把那些点串联起来。我们头顶上有一整个宇宙的故事等待着发掘，这些故事像星辰本身一样易变——那些星星闪烁着奇妙的光芒，却很快就会在爆炸中消亡，再从历史的气体与尘埃中组成全新的故事。

苏珊娜·希斯洛普

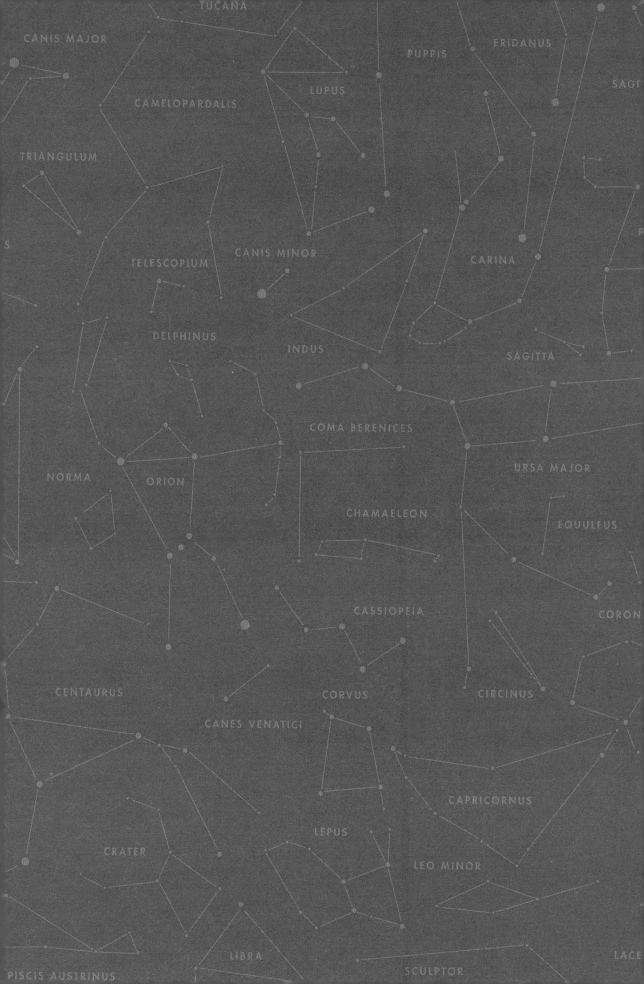

星空故事

Andromeda

And / Andromedae

The Chained Maiden

仙女座

形　象_	**被缚的少女**
缩写｜拉丁名_	**And**
属格｜拉丁名_	**Andromedae**
体量等级_	19
星　群_	棒球场、腓特烈的荣耀、秋季四边形、北斗、三向导

　　抬头看，看得越远越好。你看见了吗？远处那个闪亮的东西？那个从250万光年之外以每秒300公里的速度向你飞来的东西？

　　再使劲儿一点，使劲儿眯着眼看看……

　　看到啦，那是仙女座星系，被命名为"M31"的星体高速公路。它是人类裸眼能看到的最远的东西，是距离地球最近的螺旋星系。

　　那边永远向着我疾驰的是天鲸座，那可怕的海怪。她是龙，是海蛇，抑或是巨鲸，但是不管以什么形态出现，海怪永远都是女性角色，永远都是"她"——鱼形的怪物都是这样的，不是吗？假如你在北半球深秋的晚上十点左右抬头看——如果你在那之前就该上床睡觉了，那就换成12月中旬的晚上八点吧——你能看到天鲸座从黄道升起，在南边的深渊中作势向我猛扑，只有双鱼座的一对鱼儿隔在她和我之间。

　　至于在你眼前的我呢，小女子正是史上第一个落难淑女，第一个身披锁链、等待身穿闪亮盔甲的白马王子拯救的苦命佳人，我的亲生父母把我锁在巨石上喂海怪。[至于我是怎么被卷进这个家喻户晓的家庭恐怖故事的，请阅读关于我妈**卡西奥佩亚**（仙后座）的部分，那个该死的贱人。]时至今日，我命运中的恐怖还残留在梵文的词汇里："美达（Medha）"[1]这个词依旧承载着远古祭祀的血腥回音。不过，如果你打算给一个姑娘起名"美达"来代表她拥有被爱点亮的智慧，那么我觉得你可能也是对的。

　　因为这确实是真的呀，女士们和先生们，拯救我的确实是爱情。正当我被捆在约帕的巨石上，冲着大海尖叫的时候，**珀尔修斯**（英仙座）明亮的双眼发现了我。那时我似因羞耻而满脸通红，无法言语——那实际上都是假象：让我脸红的是心中翻江倒海般的情欲。

　　我必须为以下践踏历史课本的自白道歉，因为我的

1. 这个词在梵文中有"献祭用的动物、祭品"的含义。

少女时代完全没有书上写的那么纯洁——总有躲到橄榄园子里面腻歪腻歪，或者藏到战车棚子后面亲热亲热的时候——我也真是受够了那帮臭诗人。当英俊潇洒的珀尔修斯骑着高头白马来救我的时候（才不是扑棱着拖鞋上的翅膀呢，听见了吗，**奥维德？！**），我刚好华丽丽地一丝不挂，身上只有一点亮闪闪的珠宝——你看了星图自然就明白了，至少在谦逊成为几个世纪以来的社会主流、你们把我的身子遮起来之前是这样的。比如那些阿拉伯天文学家，他们甚至连人形都不敢画，居然把我画成一头胖乎乎的小海牛，我还真是得感谢他们了。当然，就算是那样，他们也没忘了给我画上锁链。

　　我觉得自己最中意的还是鲁本斯笔下的样子（虽然他大概满脑子想的也是小海牛什么的，我看得出来，他把我画得肥嘟嘟的）。可是，如果你想知道我到底是多么丰满有料的话，可以看看那个被你们的科学家"浪漫"地命名为M31的螺旋星系，它刚好可以舒服地靠在我右臀边。

鹿豹座
CAMELOPARDALIS

英仙座
PERSEUS

三角座
TRIANGULUM

白羊座
ARIES

双鱼座
PISCES

仙王座
CEPHEUS

仙后座
CASSIOPEIA

天鹅座
CYGNUS

蝎虎座
LACERTA

飞马座
PEGASUS

0 1 2 3 4 5

MAGNITUDE │ 视星等

Antlia

Ant/Antliae

The Air Pump

唧
筒
座

形　　象_	**空气泵**
缩写 I 拉丁名_	**Ant**
属格 I 拉丁名_	**Antliae**
体量等级_	**62**
星　　群_	**无**

一闪一闪亮晶晶

蝙蝠赛过满天星

——疯帽匠，《爱丽丝漫游奇境记》

　　他没准烦透了吧，烦透了古人老是把神话人物编排到星空中，不然**尼古拉·路易·德·拉卡伊**[1]这位埋头苦干的天文学家为什么非要把那些实实在在的科学发明弄到天上去不可呢？所以，他老人家就算听说了地球仪制造商Greaves & Thomas那件充满奇思妙想的作品，应该也不会像我一样激动。这家公司设计了一个完全由《爱丽丝漫游奇境记》与《爱丽丝镜中奇遇》里的人物组成的天球仪。这件作品既幽默又童真，但它真正的特别之处在于，这些星座放在刘易斯·卡罗尔那荒诞的故事里竟然完全说得通。

　　爱丽丝当然是那个大家都认识的小女孩（室女座），她掉进了一个能够扭曲时间的深深的黑洞里（"要么这口井特别深，要么她下落得特别慢"），又在一群拟人化的动物的引导下认识了一个全新的世界。她结识了一只三月兔（天兔座），还有一对名叫叮当兄和叮当弟的双胞胎（双子座）；她目睹了狮子（狮子座）大战独角兽（麒麟座），又看见了螃蟹（巨蟹座）在"合家欢赛跑"里来回转圈圈；充满异域风情的鹈鹕鹬子鸟[2]长着巨大的喙，它对爱丽丝来说，大概就像16世纪探险家眼中的犀鸟（巨嘴鸟座）一样奇妙；而疯帽匠壶里的茶水怎么倒也倒不完，好比宝瓶座罐子里的净水源源不断。这位疯帽匠还给爱丽丝出过这么一个谜语：为什么乌鸦（乌鸦座）会像写字台呢？

　　爱丽丝天球仪的制作者詹姆斯·D.比赛尔–托马斯在第一次构思这个企划的时候就想象到了这项任务多么庞大和艰巨，甚至认定这个想法简直就是白日做梦。可是他在爱丽丝的奇遇中发现了越来越多乍看荒诞离奇、实则可靠的天文参考，也就越来越相信作者在创作"爱丽丝奇遇"时是想着那些星座的。作为数学家兼牛津大学教师，查尔斯·道奇森（刘易斯·卡罗尔的本名）当然对天文学十分熟悉：他不仅收藏了许多有关这一学科的著作，甚至拥有一架自己的望远镜。

　　但是这和唧筒座又有什么关系呢？如果拉卡伊泉下有知，听说他的"唧筒"——17世纪70年代丹尼斯·帕潘发明的那件物理学杰作，可以抽出空气、创造真空的巧妙装置——直接被当成了卡罗尔笔下那位"言简意赅的毛毛虫"抽的水烟袋，没准会在坟墓里气得来回打滚吧。可是那只"唧筒"刚好就放在那条盘坐星空中的虫子（又或者是水中的长蛇）身边呀。

1. 法国天文学家，于1752年为纪念唧筒的发明而在南半天球上划出一块区域，将其命名为唧筒座。拉卡伊在许多原本来在明亮星座的空隙之间、没有亮星而暗星的排列也没有明显形状的天区中划分出了许多独立的小星座，并用当时新发现的科学仪器或美术工具为其命名。故而作者有此一说。

2. Borogove Bird，此译名参考的是《爱丽丝镜中奇遇》赵元任译本。

六分仪座
SEXTANS

巨爵座
CRATER

长蛇座
HYDRA

罗盘座
PYXIS

半人马座
ENTAURUS

船帆座
VELA

船底座
CARINA

MAGNITUDE ｜ 视星等

0 1 2 3 4 5

Apus

Aps/Apodis

The Bird of Paradise

天
燕
座

形　　象_	天堂鸟
缩写 l 拉丁名_	Aps
属格 l 拉丁名_	Apodis
体量等级_	67
星　　群_	无

　　此时你置身于大英博物馆，观赏着面前那只敞开的木箱，其中满是或金或红、色彩明艳的鸟羽。这一箱展品的正中央，一只小鸟标本僵硬地立于枝头。这只天堂鸟虽然被困在伦敦阴沉沉午后的玻璃橱窗里，却让人感觉离它无比遥远，就像离它的故乡巴布亚新几内亚那样远。

　　你的视线随意地扫过展品的标牌，对于这件展品是从伦敦自然历史博物馆借调而来的还是什么利特尔顿女士在1931年捐献出来的没什么特别的兴趣。你好奇的是为什么上流社会的那些大人物那么执着于给动物剥皮、填料，然后挂在墙上显摆。天堂鸟旁边还躺着几只看起来没有身体的鸟——摆在那里的只有鸟头和全身羽毛的拼接物，却没有双脚、翅膀和躯干。那些羽毛耀眼夺目，成功地将你的注意力从叫人浑身不自在的、灰突突的蝾螈标本那边吸引了过来。

　　你不会知道，从死鸟身上割下这些羽毛的不是什么英国绅士，而是远在大洋洲的部落土著。你当然也不可能知道，1821年，其中某只鸟的羽毛曾经被一位热恋中的青年用来装点自己的结婚礼服。他花了好几天时间才猎获这只完美的鸟儿，而他的新娘见了心上人俊俏的英姿更是激动得满面绯红；1788年，另一只鸟的羽毛曾经用于装饰一位荷兰女子的帽子，她在飞驰的马车轮下不幸丧生那天戴的正是这顶帽子；而在那之前，遥远的部落中一位年迈的长老把它卖了出去，只为了换钱给他病重的妻子买一些食物。

　　当然，我此时讲述的这些未必就是完整的真相。但是你可以相信的是，新几内亚岛的土著割下天堂鸟的翅膀和双足，把它们的羽毛用于服装和仪式的历史已超过两千年；自从1519—1522年**斐迪南·麦哲伦**进行环球航行以来，欧洲的探险家们也一直从他们手中购买这些皮毛。麦哲伦的一位船员，安东尼奥·皮贾费塔，就留下过这样的描述："那里的人告诉我们，这些鸟来自人间的天堂。他们管这种鸟叫'bolon diuata'，这在他们的语言里是'神之鸟'的意思。"当这些神奇的生物远渡重洋来到西方，欧洲人为之震撼，以为它们终生都在空气中飘荡，只靠饮用露水来维持生命（而雨燕属的拉丁名Aps[1]来源于希腊语的"apous"，这个词的含义正是"没有双脚"）。人们甚至一度相信这种鸟就是传说中的凤凰。

　　古代中国的天文学家们也在南天星中找到了一只奇特的鸟儿，就在**凯泽与德·豪特曼**[2]发现天堂鸟的那个位置，他们看到的是一只"奇异的麻雀"[3]。

1. 天燕座也是这个名字，Apus这个星座最初指代的是曾经被西方人认为"无足"的几内亚天堂鸟/极乐鸟。

2. 凯泽（Pieter Dirkszoon Keyser，1540—1596）与豪特曼（Frederick de Houtman，1571—1627），荷兰导航员及探险家，参与了荷兰第一次前往东印度的贸易航行，并划分和命名了天燕座，这个星座最初的名字是"天堂鸟（De Paradijs Voghel）"。

3. 指中国古代的星官"异雀"。

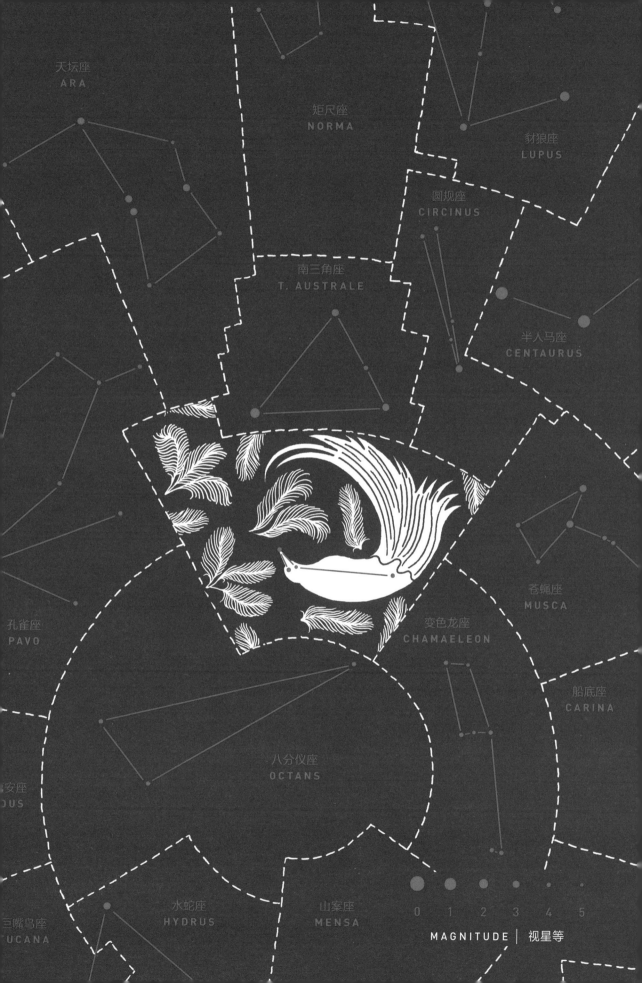

0 1 2 3 4 5

MAGNITUDE | 视星等

Aquarius

● ●

Aqr/Aquarii

The Water-bearer

宝瓶座

形　　象_	**持水者**
缩写丨拉丁名_	**Aqr**
属格丨拉丁名_	**Aquarii**
体量等级_	**10**
星　　群_	**水缸**

　　就像我们生活的地球一样，星辰的世界也拥有一片广袤的海洋。灵巧的鱼儿和古怪的海兽在天上的水国游弋。双鱼、天鲸与长蛇在深渊中潜伏，海豚则在翻涌的波浪中跳跃嬉戏。而统治着这一片星空之海的正是宝瓶座，黄道十二宫中的第十一位。

　　盎格鲁-撒克逊人相信，从万物诞生的那一刻开始，全世界所有的水都是由"送水天神"[1]从天上倒下来的。早在四千年前，仰望星空的巴比伦人就发现了那口向群星倾倒净水的亮闪闪的水罐，他们认为这个星座会带来降雨的诅咒。古埃及人却把它当作掌管尼罗河的神祇。印度占星学则称其为"kumbha"[2]。而在1703年一名"星象学家科克先生"发表的离奇著作《气象学》中，宝瓶座又得了一个"倒酒小弟"[3]的绰号。

　　不过，要说谁家讲传说故事最带劲儿，那还得是古希腊人。这就轮到双腿修长的伽倪墨得斯隆重登场啦，他可是有史以来最引人垂涎的美少年。

> *看呀！伽倪墨得斯端着满满一罐冒着泡泡的麦芽酒来啦！*
> *——《笨拙周报》[4]，1841年*

　　那是一个晴朗的清晨，青春洋溢的少年伽倪墨得斯快活地赶着羊群穿过田野，一头金色的鬈发在明媚的阳光下闪闪发光。宙斯一眼就看中了这个秀美的男孩，于是打发天鹰到人间把他相中的猎物抓回来。

　　请想象一下，此时伽倪墨得斯面对的是何等恐怖的场面：远方的地平线上突然出现了一只凶残的大鸟，它拍打着巨大的翅膀，恶狠狠地径直向他扑来（何况这正是那只啄食普罗米修斯肝脏的巨鹰）。可怜的牧童当然不可能知道，这只恶鹰虽然长着让人心惊胆战的尖喙，却丝毫不会伤害他，而且要用超乎想象的温柔把他带到意想不到的万福

1. 原文"se Waeter gyt"，意为"倒水的人"。
2. 梵语，意为"大水罐"。
3. 原文"Skinker"，意为"酒吧侍者"。
4. 1841年于伦敦创刊的一份幽默周刊。

之地。他浑身颤抖，用最快的速度拔腿狂奔，跌跌撞撞地冲下碎石遍地的山丘，推搡着穿过挤成一团的羊群，惹得它们发出一阵阵不满的"咩咩"声。

这一切当然都是徒劳，天鹰轻而易举地把我们漂亮的主人公带上了奥林匹斯山。伽倪墨得斯还没从保住一条小命的震惊中缓过来，就看到众神之王出现在他面前，这更是让他错愕不已。宙斯直盯着眼前的少年，伽倪墨得斯从未见过那种诡异的神情，却也并不感觉厌恶。宙斯牵起少年修长柔软的手，引领他穿过神山上的云层。在接下来的几天里——也可能是几年，伽倪墨得斯早就搞不清楚了，因为时间在奥林匹斯山上运行的方式神秘莫测——众神之王对他百般宠爱，让他坐在自己的宝座旁边，给他众神才能享受的欢愉。爱恋与情欲冲昏了宙斯的头脑，以至他决定赐予伽倪墨得斯永恒的青春与生命，期望永远延续这孩子给他带来的迷醉之乐。还有比从美少年手中啜饮琼浆玉露更好的消磨永恒的方式吗？所以宙斯赐给伽倪墨得斯做他贴身侍从的尊荣，让他时刻在自己身边端杯斟酒。

不幸的是，这一殊荣原本属于宙斯之妻**赫拉**的爱女赫柏。赫拉又发怒了，而这早已是奥林匹斯山的日常。这一次她那个可恶的丈夫不仅冷落了可怜的赫柏，还强行霸占了一个男孩——她一想起这一点就羞愤得满面通红。狂怒的赫拉大发神威，宙斯终于意识到还是不要让妻子太不痛快比较好。于是他决定，即使不能让爱人陪在身边，至少也要在天界的群星之中给他找一个位置。所以他把心爱的伽倪墨得斯（这个名字来源于"欢庆"一词[1]）拔擢成了诸多星座之一。

少年就这样留在了宝瓶座的星辰里，永远从一只金杯中倾倒着众神的甘露，并逐渐化身为希腊文化中光荣而广受喜爱的象征。

---

1. Ganymede（伽倪墨得斯）在词源上的构成是希腊语的"ganu-（享受、快活）"与"mēd-（心灵、精神）"的组合。

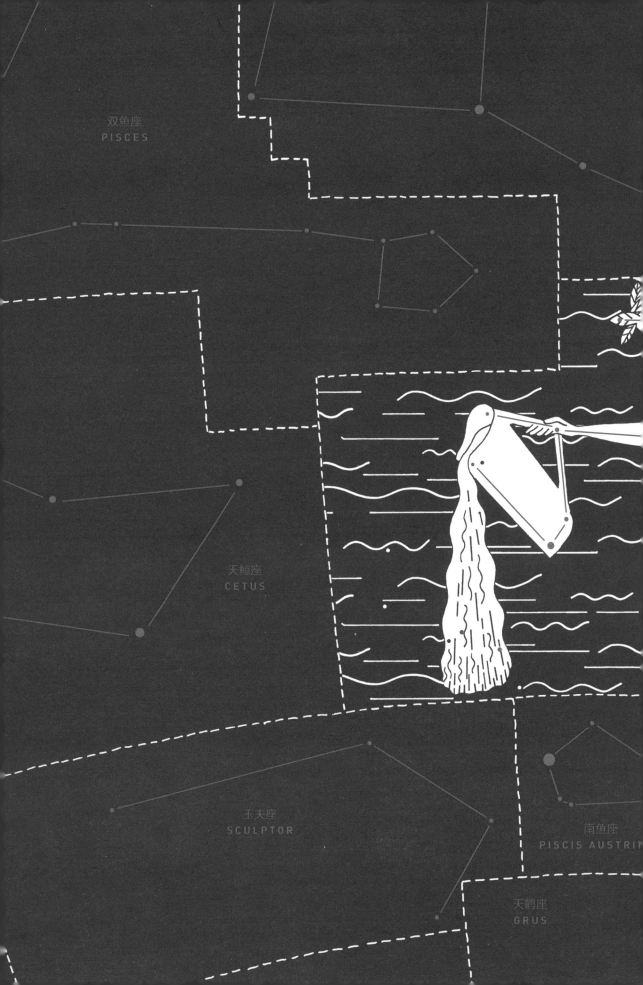

双鱼座
PISCES

天鲸座
CETUS

玉夫座
SCULPTOR

南鱼座
PISCIS AUSTRI

天鹤座
GRUS

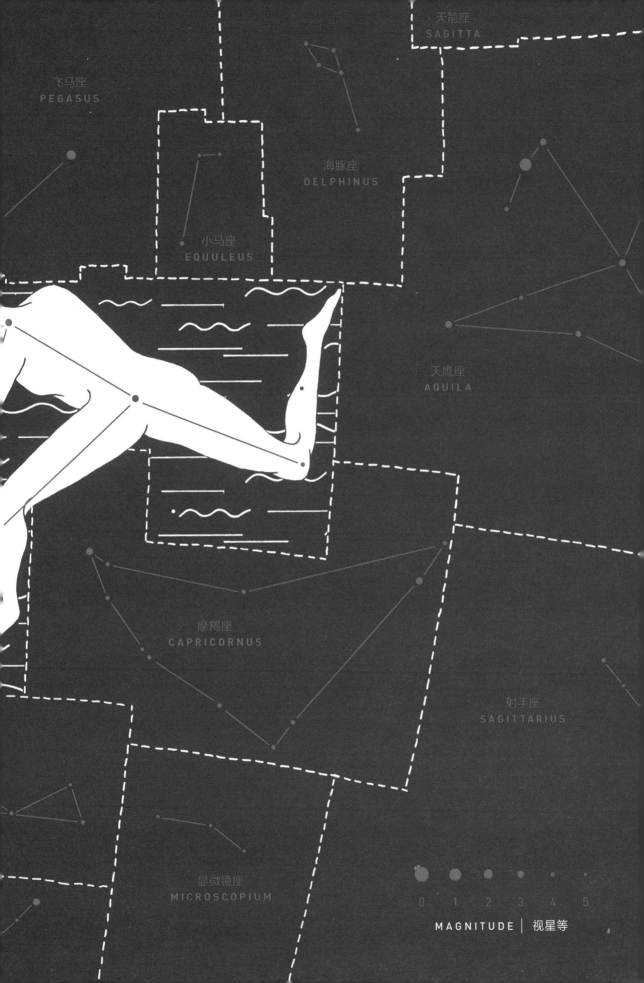

Aquila

Aql/Aquilae

The Eagle

天鹰座

形　　象_	**老鹰**
缩写 I 拉丁名_	**Aql**
属格 I 拉丁名_	**Aquilae**
体量等级_	22
星　　群_	家族、夏季大三角

金色的羽毛、凶残的力量、迅捷的速度，我是鹰，百鸟之王。

我的使命是效忠于我的主人——全知全能的**宙斯**。我为他而战，为他取回他投射出的狂怒的雷电之矛；我遵照他的命令永远向着东方飞越银河。

我正是那只掠夺了俊秀的**伽倪墨得斯**的巨鸟，是我的利爪把他送到了垂涎于他的天神面前。可是**奥维德**这个满口胡言的诗人居然按照自己的心意改变了我的传奇。他竟说是宙斯本人下的手。他说，这位全能的天神借用了我的形态，拍打着"灵巧的翅膀"飞下天庭，亲自抢走了那个少年。我的主人才不会屈尊做这种事，他只会派遣我为他效劳，他自己则端坐在奥林匹斯山上焦急地等待。

我也是那只被他派去啄食不幸的**普罗米修斯**内脏的恶鹰。这是一项我忠诚地予以执行却无法宽恕与认同的恶行：我诚然凶暴而狠毒，却唯独厌恶不义之举。主人派我前往高加索的山岩，那位勇敢的泰坦巨人——敢于为人类从太阳那里窃取光明、热量与知识之火——就被赤身裸体地锁在那里。

日复一日，我扑向普罗米修斯的血肉之躯，用尖喙刺穿他的肝，用利爪撕碎他的内脏。每当夜晚来临，这位不死的泰坦巨人的伤口就会愈合，支离破碎的血肉会恢复得完好如初，如同对他所遭受的所有苦难的恶毒嘲讽。而当天光破晓，我鹰眼如炬，又径直飞向他的腹部，在他痛苦的注视下饱餐他的内脏。我有凶残的力量，我有迅捷的速度，但我这颗士兵的心并不像肢体一样服从。

直到伟大的**赫拉克勒斯**对饱受磨难的普罗米修斯心生怜悯，这一切才画上了句号。他和睿智的半人马**喀戎**一道——这位半人马也像赫拉克勒斯一样，为宙斯施加在这位造福人类的勇士身上的酷刑而愤怒——与全能的神之王达成了一项协议：如果宙斯愿意释放普罗米修斯，善良的喀戎愿意放弃自己永生不死的能力。

最终，是我替代宙斯承受了那致命的一击，是我被赫拉克勒斯一箭击落，那支魔箭射穿的是我的心脏。

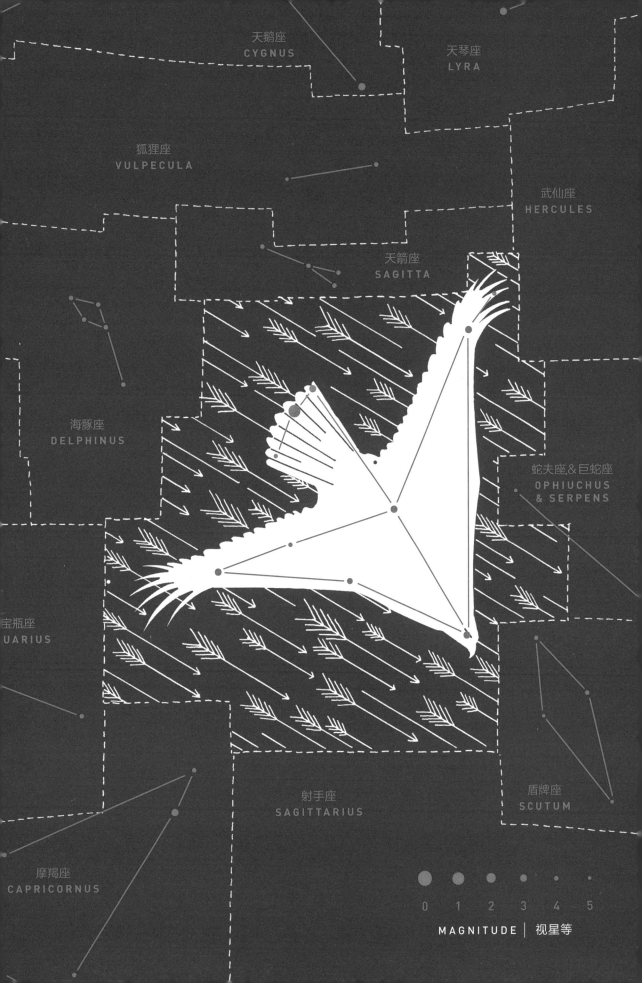

天鹅座
CYGNUS

天琴座
LYRA

狐狸座
VULPECULA

武仙座
HERCULES

天箭座
SAGITTA

海豚座
DELPHINUS

蛇夫座&巨蛇座
OPHIUCHUS
& SERPENS

宝瓶座
UARIUS

射手座
SAGITTARIUS

盾牌座
SCUTUM

摩羯座
CAPRICORNUS

0   1   2   3   4   5

MAGNITUDE | 视星等

Ara

Ara/Arae

The Altar

天坛座

形象_	祭坛
缩写 l 拉丁名_	**Ara**
属格 l 拉丁名_	**Arae**
体量等级_	63
星群_	无

在奶油般的银河深处，藏着一个小小的星座，它不太容易被发现，与各种令人振奋的天文奇景相比显得有些黯然失色。然而就是这个不起眼的小星座，这个甚至没有人为其中的星星命名的小星座，几千年来一直接受着人们的朝拜。很久很久以前，伊拉克还是美索不达米亚的一部分，据说当时人们就已向这个星座焚烧祭品，感谢众神挽救了大英雄**吉尔伽美什**的祖先乌特纳比西丁王的生命。

贤明的君王兼祭司乌特纳比西丁统治着幼发拉底河畔的舒如帕克城。这座城市如时间本身一般古老，其中栖居着诸多神祇，正是这些神祇有一天突然决定要用洪水淹没舒如帕克。于是掌管手艺、恶作剧、海水与创造的神恩基找到了乌特纳比西丁，告诫他要立刻建造一艘大船，用以从即将来临的大洪水中逃生。

乌特纳比西丁立刻谦恭地跪在恩基面前，这位神祇在沙地上为他画出了船的图样。那是一艘庞大无比的船，有七层楼高，并且长、宽与高相等。乌特纳比西丁立刻招来了舒如帕克的所有工匠。出于对洪水的恐惧，他们迅速投入了工作。这位贤王又拿出大量的葡萄酒与麦芽酒犒劳他们。在第七天的日落时分，工人们终于完成了这艘巨大的方舟。

贤王乌特纳比西丁发现此时天气已经开始变化，连忙下令把城里的一切都聚集起来，并满满当当地全部塞进方舟里——他的亲人与朋友；他的牲畜与粮食；他的黄金与白银；还有那些忠心耿耿的工匠——最后，他用黏土封上舱门，静静地等待起航的时刻来临。

骤然降临的暴风雨很快便造就了一场大洪水，方舟在波涛中起起伏伏，发出一阵阵妇人难产般的呻吟，甚至连那些引发洪水的神祇都恐惧得躲藏了起来。噩梦般的十二天过后，暴风雨终于平息了，乌特纳比西丁打开方舟的舷窗，发现大船居然刚好停在尼穆什山[1]的山坡上，而他之前熟识的世界早已被自然的狂怒吞噬殆尽（这场洪水实在是过于猛烈了，时至今日，手持毛刷的考古学家们还能在尘土中找到它当年留下的伤痕）。暴雨停歇后的第七天，乌特纳比西丁放出了一只鸽子，鸽子回到了船上；他便又放出了一只麻雀，这只麻雀同样飞回了方舟；贤王又把一只乌鸦放了出去，这只乌鸦再也没有回来。这时他才确信船外终于有了可以落脚的陆地，于是打开了方舟的舱门，让国民们走进新天地。

为了嘉奖乌特纳比西丁虔诚的信仰与保全人类的功绩，众神赐予他永恒的生命，又把他拔擢为天界的一员。而银河里那些朦胧梦幻的云雾，正是那天坛上为纪念他而焚烧产生的烟。

1. 更常见的称呼是"尼西尔山（Mount Nisir）"。

天蝎座
SCORPIUS

射手座
AGITTARIUS

南冕座
CORONA AUSTRALIS

望远镜座
TELESCOPIUM

矩尺座
NORMA

豺狼座
LUPUS

南三角座
TRIANGULUM
AUSTRALE

孔雀座
PAVO

圆规座
CIRCINUS

天燕座
APUS

八分仪座
OCTANS

0 1 2 3 4 5

MAGNITUDE | 视星等

Aries

Ari/Arietis

The Ram

白羊座

形　象_	**山羊**
缩写ǀ拉丁名_	**Ari**
属格ǀ拉丁名_	**Arietis**
体量等级_	**39**
星　群_	**北天苍蝇**

　　A是白羊座的A，是一切的开始。白羊座是黄道十二宫中的第一个星座，所属的时间也是旧历中一年的第一个月[1]。正是这头长着卷角的大公羊把我们一头顶进全新的一年，迎来春天、光明与春分。

　　那是1664年的事情了。一天深夜——确切地说是凌晨——坏脾气的罗伯特·胡克用望远镜追踪着一颗轨迹不定的彗星。彼时的他又冷又饿，还远没像日后那样名利双收。他对准镜片，眯着眼，透过17世纪的望远镜望向星空，他在镜中看到的东西简直要让他的心脏从胸口蹦出来：那许多光年之外向他闪烁的究竟是什么奇景？他透过尘埃看到的究竟是什么？

　　是白羊座最亮的那颗星发生了什么异变吗？那颗星星从科学的意义上叫作白羊座 α[2]，却被命名为"哈马尔（Hamal）"，这名字源于阿拉伯语中的"羊"或"山羊头"[3]。也有可能他的望远镜对准的其实是娄宿一（Sheratan）与娄宿二（Mesarthim），但此时它们所呈现的形象不是明亮的光点，而是一对并辔而行的双生骑手——印度神话中的医药之神双马童[4]——在天空中纵马奔驰。难道胡克那双被启蒙主义之光点亮的眼睛在这一刻居然窥见了神明？

　　也许胡克看到的是**宙斯**那一身金毛的宠物山羊，它正要到祭坛上解救被当作祭品的**佛里克索斯**与**赫勒**姐弟，并把他们送到科尔喀斯国。而在多年之后，**伊阿宋**带了整整一船的阿尔戈勇士才拿到它的金羊毛。没准被惊得魂飞天外的胡克在这一刻看到的甚至是睿智的**托勒密**本人，他坐在公元150年亚历山大闷热的书房里，翻看着发霉的书卷，一边挠着下巴，一边缓慢而审慎地把上千颗星星归入四十八个星座——他正在编写的或许就是那部堪称古典时期天文学智慧巅峰的著作：《天文学大成》。

　　可是，不对，像胡克这样一丝不苟的科学人是不可能看见那些东西的。很难想象他这样敢于用自己的名字给一条无可争议的物理定律[5]命名的人身上会发生这样的事情（而他的定理让一代又一代的中学生"物理学家"们不得不在课堂上哭丧着脸往金属弹簧下面挂砝码，然后闷闷不乐地看着弹簧像山羊角一样卷曲起来）；更难想象这位绝对理性的罗伯特能在星空中看到什么故事。可是他看到的东西的确就像传说故事一样美妙，因为他追逐彗星的目光无意间停留的那个地方，正好向他展露了宇宙中之前从未为人类所知的秘密：白羊座 γ，即娄宿二，所谓的"白羊座的第一颗星"，并不只是"一颗"星星，而是"两颗"星星——娄宿二是一组双星。而胡克正是第一个发现这种现象的人。

　　这样说来，当时他确实看到了一对俊美的双生神子驾着战车划过黎明的天空。

1. 3月原本是罗马历法中的一月，即使在历法改革后，罗马人也依旧把3月看作一年的开始。
2. 即娄宿三。
3. 阿拉伯语的"山羊头"：ras al-hamal。
4. The Ashwins，也写作"Ashvins"，Ashwin既是印度传统历法中的第七个月的名字，也代表印度二十七星宿中白羊座头上包括娄宿二、娄宿三等的一组双星，同时还代掌管视力、阿育吠陀医药、日出与日落以及驱逐疾病和厄运的神祇双马童。
5. 胡克定律：各向同性物体受力时，如其应力在弹性极限范围内，则应力与应变成正比。

英仙座
PERSEUS

仙女座
ANDROMEDA

三角座
TRIANGULUM

双鱼座
PISCES

金牛座
TAURUS

天鲸座
CETUS

波江座
ERIDANUS

0 1 2 3 4 5

MAGNITUDE | 视星等

Auriga

Aur/Aurigae

The Charioteer

御夫座

形　　象_	**战车手**
缩写 l 拉丁名_	**Aur**
属格 l 拉丁名_	**Aurigae**
体量等级_	21
星　　群_	空中之G，孩童，冬季八边形，
	冬季大椭圆

　　有人说，天上的那位战车手是火神**赫淮斯托斯**与地母的儿子厄里克托尼俄斯。他得到了**雅典娜**亲自传授的技艺，成为世界上第一个驯服野马并用它们牵引战车的人。还有人说，那其实是狡猾的战车手弥尔提洛斯。他本想用计与自家老板俄诺玛俄斯的女儿私会，却因时运不济而丢了性命。

　　可是没有人知道为什么那战车手怀里会抱着母山羊阿玛尔忒娅。

那只谜一般的山羊的故事

　　泰坦巨人之首克洛诺斯是天神**乌拉诺斯**和地神**盖亚**的儿子，女泰坦**瑞亚**既是他的姊妹，又是他的妻子，他们的孩子成长为诸神之神，名叫**宙斯**。

　　克洛诺斯是个贪婪狠毒的父亲，他把自己刚降生的后代全部吞食了。小宙斯出生的时候，克洛诺斯又伸手抓过新生儿，把他塞进嘴巴里，但这次瑞亚交给他的不是婴儿，而是一块用襁褓裹着的石头。

　　趁着泰坦之王还没有发现孩子被调了包，瑞亚把儿子带到克里特岛的伊达山上，深深地藏在一个山洞里。

　　小婴儿孤零零地躺在山洞里，饿得挥舞着小手小脚，涨红小脸哭号个不停。好在瑞亚很快就找来了乳母，这位乳母正是那只名叫阿玛尔忒娅的母山羊。

　　有句老话叫作"人如其名"，这话放在名字本义为"温柔的女神"的阿玛尔忒娅身上尤其准确。她确实温柔地哺育了年幼的宙斯，把他养育得既强壮又英俊。这孩子实在太强壮了，而他又经常忘了自己力气有多大。一天，他正跟亲爱的乳母玩捉迷藏，打滚玩闹间却失手掰断了一只山羊角。那羊角便成了我们熟悉的"丰饶角（Cornucopia）"。丰饶角中涌出的美食与珍宝正如慷慨的阿玛尔忒娅哺育宙斯的乳汁般源源不绝。

鹿豹座
CAMELOPARDALIS

天猫座
LYNX

英仙座
PERSEUS

双子座
GEMINI

金牛座
TAURUS

猎户座
ORION

0 1 2 3 4 5

MAGNITUDE ｜ 视星等

Boötes

Boo/Boötis

The Herdsman

牧夫座

形　　象_	牧人
缩写 l 拉丁名_	**Boo**
属格 l 拉丁名_	**Boötis**
体量等级_	13
星　　群_	室女的钻石、冰激凌、风筝、 春季大三角、梯形

　　有些人说，天上的"牧夫"是个驯熊人，他挥舞着棍棒，赶着大熊座与小熊座围着北极绕圈儿。又有人说，他是个手持镰刀和曲杖的牧羊人。还有人说，他是那个发明了犁铧的人。另外一些人为了他这个名字（Boötes）的来源到底是希腊语的"赶牛人"[1]还是"吵闹"[2]而争论不休——因为牧人的吆喝声确实挺吵闹的。但不管是哪种说法，体形庞大的牧夫座总是被看作天上赶着牲畜的人。索福克勒斯在剧作《俄狄浦斯王》中写道，一位牧人说自己"从开春到秋季大角星[3]初升的时节"一直在山间放牧。而根据许癸努斯[4]的《天文的诗歌》[5]中的记载，这个星座是为了纪念牧羊人伊卡里俄斯。

　　您如果对小犬座的传说还有点印象的话，肯定对这位热情好客的葡萄种植家也不陌生。伊卡里俄斯得到酒神真传，用葡萄酿成了美酒。为表庆贺，他举办了盛大的狂欢派对。直到太阳升起老高，宿醉的宾客们才挣扎着从临时当床用的躺椅[6]上爬起来。这些醉醺醺的酒客干呕不已，认定主人给他们下了毒——要不然他们的脑袋怎么会疼得像被火神赫淮斯托斯的大锤狠狠敲过一样？于是，他们趁那无辜的牧羊人尚在睡梦中而杀害了他。这让伊卡里俄斯忠诚的爱犬迈拉躁动不安起来，它被拴着链子，只能极力狂吠和哀嚎，它终于惊动了牧羊人的女儿厄里戈涅。厄里戈涅奔出来解开狗的链子，迈拉用牙齿扯着她的长袍，把她带到了凶手们抛尸的地方。悲痛欲绝的厄里戈涅在附近的一棵树上自缢身亡，而忠实的迈拉也躺在主人身边伤心而死。宙斯将他（它）们带到天界，把他（它）们分别变成了牧夫座、室女座与小犬座。

　　古风时期对牧夫座最早的描述则来自荷马的作品，在他的讲述中，奥德修斯正是靠着牧夫座的指引，才得以从海之女神卡吕普索的岛屿逃脱。然而，远远不是只有希腊人会利用大角星（牧夫座的"最亮星"，即天空第四亮星）来导航。西方探险家们凭借各种复杂的天文仪器才来到太平洋，而这里的波利尼西亚人使用的"星星罗盘"却让他们大为震惊。因为这罗盘并不是像六分仪或者星盘一样可以端在手中的物件，而是牢牢铭记在脑海中的记忆。替波利尼西亚人的独木舟指引方向的是起起落落的星辰：如果"霍库雷阿"（Hokule'a，波利尼西亚语中大角星的名字，意为"快乐之星"）橙红色的光芒正在头顶，那就说明他们到达了夏威夷海域；如果它从最高点缓缓下行，那就意味着他们正在向南航行；而如果引导着小舟的是天狼星的白光，划船的人就知道离塔希提岛不远了。

---

1. 一般认为"Boötes"一词的来源是希腊语 / 古希腊语的"Βοώτης"（Boōtēs），意为"牧人"或者"庄稼汉"，而这个词的字面意义是"赶牛的人"。
2. 希腊语为 Θορυβώδης（thoryvódis），英语中有 boisterous 一词。
3. Arcturus，即牧夫座 α 星。
4. 盖乌斯·尤利乌斯·许癸努斯（Gaius Julius Hyginus）是公元 1 世纪的拉丁作家和学者。
5. 一部拉丁语诗文集，主题涉及与恒星和天体 / 星座神话相关的核心概念。其真实作者不详，但自从文艺复兴时期被出版以来一度被归为盖乌斯·尤利乌斯·许癸努斯的作品。其中星座列举的顺序与托勒密的《天文学大成》一致。
6. triklinia，古希腊-罗马宴饮就餐时使用的围在餐桌三面的躺椅。

天龙座
DRACO

大熊座
URSA MAJOR

武仙座
HERCULES

猎犬座
CANES VENATICI

北冕座
RONA BOREALIS

后发座
COMA
BERENICES

巨蛇座
SERPENS

室女座
VIRGO

0 1 2 3 4 5

MAGNITUDE │ 视星等

Caelum

Cae/Caeli

The Sculptor's Chisel

形　　象_	雕工的凿子
缩写 l 拉丁名_	Cae
属格 l 拉丁名_	Caeli
体量等级_	81
星　　群_	无

雕具座

人人都夸赞琳达当年长了一双美腿。她也总是细致地将腿毛刮得干干净净。而且就算她发现自己的脚指甲开始发黄，或是膝盖以上的肌肤开始让她想到松松垮垮的鸡皮，也有香奈儿的"水色幻光"指甲油和玛莎百货的隐形提臀塑身裤可以补救。

她走进淋浴间，关门之前又瞥了一眼自己在镜子里的倒影：胸部的曲线依然上翘，如果她愿意转头看看背后，镜中映出的臀部也是一样的圆润丰满，完全没有什么好担心的。

可是琳达知道，她唯一的破绽偏偏就是自己的脸。经常有人问她最近是不是不太顺利，而她也听到过同事们围在复印机边嘀咕着什么"老是皱着眉头"之类的悄悄话；路边的建筑工人冲她吹口哨的时候还总是不忘来一句"宝贝儿，开心点"；最过分的是，就连公交车上偶遇的陌生人都会皱起面孔看她，一副满怀关切的表情。

走进整容诊所的时候，琳达几乎感觉自己的决心就像高跟鞋的细跟深陷进厚厚的地毯一样坚定。前台的那个女人——或许说女孩更合适——实在是太漂亮了，打扮得又是那么入时；桌上不对称造型的花瓶里巧妙地插着百合；饮水机发出一阵阵柔和的轻响；这一切彻底打消了她转身离开的念头。如果你没有紧张过头的话，那张小小的传单上列出的各种风险好像都是可以完全忽略的，更何况还有那么多种服务套餐可以选择：每一个看起来都特别实惠，名字也很好听。

只可惜辛克莱医生那天实在是太累了，而广播3台的节目也着实太让人分心。医生在琳达耳朵后缝完最后一针时，才发现她脸上原本应该是鼻子的地方居然变成了乳头；而直到抽脂泵开始噼里啪啦发出警报，医生才注意到琳达的左腿早已肿得像一截树桩，其中灌满了从她曲线优美、丰润的左胸里抽出来的脂肪。

以上这则富有教育意义的当代"变形记"与天文学当然没有一点关系：这都是我胡诌的。不过，既然**拉卡伊**先生任性地拿雕塑家用的凿子给这个星座命了名，我觉得自己多少也该拥有一些自由发挥的特权。反正不管是凿子还是可怜的琳达的大脚趾，不都是完全没什么神话色彩的嘛。

Camelopardalis

Cam/Camelopardalis

The Giraffe

鹿豹座

形　　象_	**长颈鹿**
缩写 l 拉丁名_	**Cam**
属格 l 拉丁名_	**Camelopardalis**
体量等级_	**18**
星　　群_	**无**

长颈鹿是不是也长着扁平足呢？

毫无疑问，17世纪的地球仪和星图上那些精心描绘的长脖子生物都是怪里怪气的。可是我们还是搞不明白，为什么"平足的彼得"——天文学家、制图家以及加尔文派神学家**皮特鲁斯·普兰修斯**——会在1612年想到在星空里也放上这么一个家伙。当然，"皮特鲁斯·普兰修斯"并不是那位在1552年把儿子赶到小城德兰奥特去讨生活的荷兰母亲给他起的名字，而是他自己把原名"皮特·普拉特佛耶特"文绉绉地转写成拉丁语的产物，"普拉特佛耶特"这个姓氏的字面意思刚好就是"扁平足"[1]。

到了1624年，德国天文学家雅各布·巴尔奇把天上的长颈鹿错当成了骆驼。这说明他的拉丁语水平比我们的朋友皮特要差一些，因为我们的皮特当然知道"鹿豹"[2]这个词原本是罗马化的希腊语，意思是"长着豹纹又与骆驼相似的动物"。可是在巴尔奇的推测中，这个名字就成了对《创世记》里那头把利百加驮到夫君以撒身边的骆驼的纪念。好吧，不管怎么说，这个故事可有点意思……

话说年迈的亚伯拉罕打算给儿子以撒找一位合心意的妻子，因为37岁的以撒在当时来说可算是大龄剩男了，于是他派仆人回到他自己出生的城市去寻找。仆人带着十头骆驼出发了，每一头骆驼背上都驮着装满礼物的口袋。太阳快要落山时，这位仆人才赶到亚伯拉罕的出生地，可是来得早不如来得巧，正好全城的妇女都会在这个时间到城外的井里

取水。仆人祈求上帝指明为主人找到如意儿媳的方法，随后终于有了个主意：如果有女子在他要水喝的时候不仅愿意为他解渴，还愿意打水给他的十头骆驼喝，那么她就一定是上帝选给以撒的妻子。幸运的是，这名女子很快就出现了，她的名字叫作利百加，生得活泼又美丽。利百加先是跑到井边打来满满一桶水给仆人喝，又跑去打水给第一头骆驼喝，不过一桶水可解不了骆驼的渴：这些日行百里的动物可以坚持七天不喝水，所以它们得喝上好几加仑的水才能补足驼峰中的储备。姑娘就这样一趟又一趟地从井边打水过来，直到十头骆驼都喝足了为止。老仆人拿出一枚有半个舍客勒[3]重的金鼻环送给姑娘，又赠给她一对纯金的手镯，然后和她一起回到她家，与她家人谈妥了婚事。以撒就这样得到了一位完美的娇妻。

---

1. 皮特鲁斯·普兰修斯（Petrus Placius）原名Pieter Platevoet，其中"plat"意为"扁平的"，近似于英语中的"flat"，而"voet"意为"脚"。
2. Camelopardalis，由"骆驼（Camel）"和"豹（leoparol）"两个词组成，长颈鹿的拉丁名也是Giraffa cameloppardalis。
3. 古希伯来重量单位，1舍客勒约等于11克。

小熊座
URSA MINOR

天龙座
DRACO

大熊座
URSA MAJOR

仙王座
CEPHEUS

天猫座
LYNX

仙后座
CASSIOPEIA

御夫座
AURIGA

英仙座
PERSEUS

0 1 2 3 4 5

MAGNITUDE │ 视星等

Cancer

Cnc/Cancri

The Crab

巨
蟹
座

形　象_	**螃蟹**
缩写 I 拉丁名_	**Cnc**
属格 I 拉丁名_	**Cancri**
体量等级_	31
星　群_	驴子和经理

　　在广袤的非洲夜空下，一只蜣螂在萨瓦纳大草原上滚着粪球。这只小甲虫开动他那小小的脑筋，寻觅到了一大堆宝贵的动物粪便，然后把它们团成一个比他自己大上四十倍的圆球，这会儿正沿着一条笔直的直线把它运回自己家去。他有个朋友试过在白天运粪球，可是那个倒霉蛋还没走出多远就被火辣辣的太阳烤煳了。另一个朋友倒是没被晒死，却在推着宝贵的战利品回家的路上被一路尾随的其他蜣螂团伙打劫了。所以，这只聪明的甲虫只在晚上出来干活儿，滚着粪球穿过茫茫夜色。蜣螂家族的这件活计已经干了好几千年，然而直到2013年，脑子比它们大得多的人类科学家才弄明白它们是怎么在夜间认路的：这种小甲虫居然会靠星星来辨认方向。蜣螂用两条细长的后腿推着粪球，而它们头上的银河照亮了那条长长的、笔直的归家之路。

　　早在两千年前，古埃及人就曾经照着蜣螂的形象制成精致的护身符，给尊贵的王族做陪葬的圣物。那只谦逊低调的小小甲虫会不会知道这件事呢？他会不会知道，曾几何时，他的先祖享受着与太阳神凯布利同等的光荣？他会不会知道，他们蜣螂曾经是创造与重生的象征？他会不会知道，那和他一样滚着宝贝球的太阳神凯布利——虽然他的宝贝球是太阳本身——尊贵的脑袋和他们神圣的甲虫一族的脑袋长得一模一样？他会不会知道，古埃及人甚至把他们尊为星宿，即圣甲虫座？

　　当这只坚韧不拔的小虫在萨瓦纳草原上奔波时，一只背甲凹凸不平的螃蟹正在海底的沙床上轻快地爬行。她可能会知道为什么圣甲虫星座成了今天的"巨蟹座"吧。也许她的爷爷奶奶当年一遍又一遍地给她讲过这个故事：很久很久以前，大海还是没有塑料袋和垃圾的天堂，海里的生活比现在好得多。当初她们家那位身披甲胄的老祖宗卡尔齐诺斯掺和了**赫拉克勒斯**（武仙座）与多头水蛇**许德拉**（长蛇座）的大战，用他的钳子狠狠地夹住了那位大英雄的脚指头。这只大无畏的小螃蟹立马就被英雄踩了个粉碎，赫拉克勒斯的宿敌**赫拉**为感谢他在这场神族纠纷中做出的小小贡献，将其安放在群星之中。

　　您或许十分确信，这些小动物绝不可能知道自己在群星故事中扮演着怎样的角色。可是，您想，毕竟人类曾一度愚蠢地相信只有海豹、鸟类当然还有我们自己才具备看星星辨认方向的能力，所以还是不要那么早下结论为好。

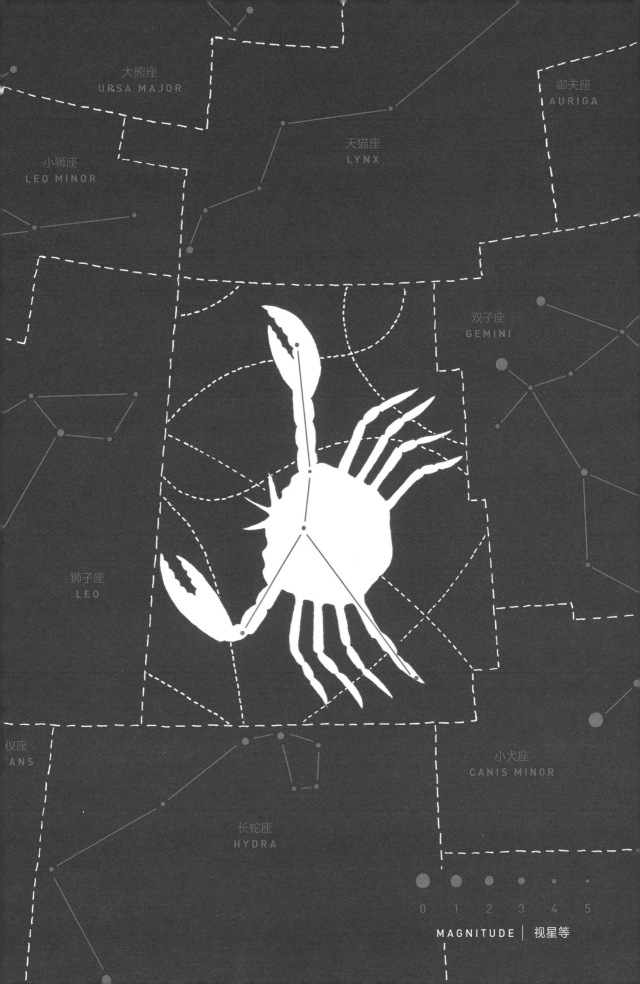

大熊座
URSA MAJOR

御夫座
AURIGA

天猫座
LYNX

小狮座
LEO MINOR

双子座
GEMINI

狮子座
LEO

仪座
ANS

小犬座
CANIS MINOR

长蛇座
HYDRA

0 1 2 3 4 5

MAGNITUDE ｜ 视星等

Canes Venatici

● ●

CVn/Canum Venaticorum

The Hunting Dogs

猎犬座

形　象_	**猎狗**
缩写I拉丁名_	**CVn**
属格I拉丁名_	**Canum Venaticorum**
体量等级_	**38**
星　群_	**室女的钻石**

亨利埃塔[1]已经在那里坐了好一会儿了，可是她怀里的西班牙猎犬却不肯老老实实地待着。当然，这对于他[2]来说也不算什么难事：这些近亲繁育出来的玩赏犬长得都是一个模样。至于它的女主人那镶嵌珠宝的衣裙、饱满的胸脯与奶油般雪白细腻的溜肩，也都并不难画，就算他在造型上有什么表现得不够准确的地方，也有一项不成文的规矩——不，不如说是命令吧——允许他自由发挥。难以描绘的只是那位公主本人，他怎么都画不出来的是她那金鱼缸一样又圆又大的双眼中的某种东西：哀伤、傲慢与挑逗糅合在一起，不论他多么努力地去捕捉，留在画布上的也只能是某种单一的情绪。

何况这位"米内特"（她那位热情洋溢的兄长总是在书信中使用这个昵称）的人生是何等波澜起伏啊。因为父亲被处决，母亲也变得穷困潦倒，她逃离故乡英国的时候只有三岁；虽然在埃克赛特大教堂[3]受洗，亨利埃塔却是以罗马天主教徒的方式被抚养长大的，最终的归宿也只是与一位风流成性的法国人[4]缔结注定不会幸福的婚姻。他忍不住猜测这位公主对自己的父亲——那位老查理王——到底了解多少。在1660年，亨利埃塔的兄长重返伦敦复位的当晚，夜空中有一颗星星变得异常明亮。而他一直对那一天记忆犹新，尤其是对那时自己心中的预感——也许世界即将彻底摆脱清教徒式的古板色调，而他自己也终于可以再次使用明亮的色彩来作画。为了纪念那对兄妹不幸身首异处的父王，新一代查理王麾下的一位医生[5]建议将那颗亮星命名为"Cor Caroli"[6]——"查理之心"。

奥尔良公爵夫人懒洋洋地叹了口气，他连忙拾起笔刷继续作画。

这幅油画如今悬挂在伦敦国家肖像馆中，而创作它的画家也许并不知道，就在不久之后的1687年，波兰天文学家约翰·赫维留正忙着把那颗"查理之心"（今日的猎犬座 α）划入一个新星座。在赫维留的描绘中，猎犬座是驱赶巨熊的牧夫座带着的两只猎犬，它们追赶着去咬大熊座的脚跟。有趣的是，所谓的"骑士查理王小猎犬"（这个名字源自查理二世对这种小狗的钟爱）原本既是玩赏犬又是猎犬。当然，那是在这位国王陛下的御用犬跟八哥犬杂交，彻底变成长着扁鼻子和凸眼睛的可爱玩具犬之前的事情了。就连马尔博罗公爵[7]本人也养了一群这种红白花色的小猎犬。这总是让我想到天上另外两只著名的猎犬：大犬座中的天狼星闪烁着明亮的红光与白光，小犬座则是一只活泼可爱的小狗崽，它蹦蹦跳跳地跟在强壮的伙伴身旁。

1. 英格兰的亨利埃塔公主（Henrietta of England，1644—1670），查理一世最小的女儿，查理二世的姊妹，奥尔良公爵的妻子。
2. 这一段中的"他"所指的可能是法国画家比埃尔·米尼亚尔（Pierre Mignard，1612—1695）。
3. 位于英国的德文郡，埃克赛特大主教的主教座堂，派系是英格兰国教（独立于罗马天主教的大公教会）。
4. 亨利埃塔的丈夫是奥尔良公爵腓力一世，路易十四的弟弟，也是亨利埃塔的表亲。腓力是一位公开的同性恋者或双性恋者，拥有若干异性及同性情人。
5. 此人是医师兼数学家查尔斯·斯卡伯勒爵士（Sir Charles Scarborough），查理二世的私人医生。
6. 中文中这颗亮星的名称为"常陈一"。
7. 第一代马尔博罗公爵为约翰·丘吉尔（John Churchill，1650—1722），军事家及政治家，温斯顿·丘吉尔的直系祖先。

天龙座
DRACO

大熊座
URSA MAJOR

牧夫座
BOÖTES

后发座
COMA BERENICES

0 1 2 3 4 5

MAGNITUDE | 视星等

Canis Major

CMa /Canis Majoris

The Greater Dog

大犬座

形　　象_	**大狗**
缩写I拉丁名_	**CMa**
属格I拉丁名_	**Canis Majoris**
体量等级_	43
星　　群_	空中之G、冬季八边形、冬季大椭圆、冬季大三角

　　这就是那只大狗，狗群的领袖，身上的稀奇传说无数，皆与它威风凛凛的形象相配。在远古的美索不达米亚人眼中，这只骄傲的猎犬在天幕中追逐着一只被吓破胆的兔子，那就是瑟缩在猎人脚下的天兔座。希腊人称那位猎人**俄里翁**（猎户座），他的大猎犬（大犬座）身边总跟着活泼的伙伴小猎犬（小犬座）。有时，其中一只又被认作忠心耿耿的**迈拉**，就是被残忍杀害的**伊卡里俄斯**的爱犬。另一则与它们相关的希腊神话也笼罩着死亡的阴影，因为那个故事的主角是**刻耳柏洛斯**——看守地狱深渊塔耳塔洛斯的三头恶犬。它又是古埃及神祇阿努比斯的化身，这位长着豺狼头的神是亡灵的引路人，他在正义的天平上称量死者的灵魂，并由此决定他们在冥界的命运。古埃及人将某颗特定的星辰视作这位掌管防腐术与葬礼仪式的神祇在星空中的代表，那颗星星正是大犬座的最亮星天狼星。

　　天狼星（大犬座 α）是所谓的"犬星"，因其光芒明亮如灼烧而得名[1]，它是夜空中最明亮的一颗恒星，唯有一颗行星[2]比它亮。最早的天文学文献中就已有关于天狼星的记录。古埃及人称它为"索普德特"，一年一度的尼罗河泛滥之前，太阳最炽烈的夏至时节，这颗消失了一段时间的星辰又会在日出之前升起，从而标志着埃及人天狼星年的开始。而它在希腊人与罗马人的概念里则是令人窒息的三伏天[3]。正如**维吉尔**作品中描述的那样，"闷热的犬星用它的焦渴撕开了干裂的大地"。在当时人们的想象中，天狼星和太阳一道毒辣地照着大地，人们被晒得目眩神迷，

狗热得口吐白沫、狂躁不安。

　　古代的中国人同样把天狼星视作一只狂犬，"天狼（T'ien-lang）"，即"天空中的恶狼"，盘踞东方，侵扰田园，必须用天上的猎犬驱逐，而这只"天狗（T'ien-kaou）"的居所正好也在大犬座。与此同时，阿拉斯加的因纽特人管天狼星叫"月狗"，墨西哥的塞里印第安人和美国亚利桑那州的托赫诺奥哈姆人则认为那是一只追逐山羊的猛犬，而在加拿大西北地区科珀曼的因纽特人眼里，天狼星火焰般红白交替闪烁的光芒正像缠斗不休的白狐狸和红狐狸。而诗人丁尼生也在那星光中看到了一场小小的争斗："炽烈的天狼星光芒变幻 / 交替闪烁的是翠绿与火红。"[4]

　　1862年，美国望远镜制造商阿尔文·克拉克发现，天狼星实际上是一组双星，它身边一直跟着一个黯淡却忠实的伙伴：那颗小小的、被亲切地称为"狗崽"的白矮星。

---

1. 天狼星的原文"Sirius"来源于罗马化的希腊语"Seirios"，意为"发光的"或"灼烧的"。
2. 木星或金星。
3. 三伏天的英语原文为"dog days"。
4. 出自丁尼生的长诗《公主》。

小犬座
CANIS MINOR

猎户座
ORION

麒麟座
MONOCEROS

船尾座
PUPPIS

天兔座
LEPUS

天鸽座
COLUMBA

0 1 2 3 4 5

MAGNITUDE | 视星等

Canis Minor

CMi/Canis Minoris

The Lesser Dog

小犬座

形　　象_	小狗
缩写 I 拉丁名_	CMi
属格 I 拉丁名_	Canis Minoris
体量等级_	71
星　　群_	空中之G、冬季八边形、冬季 大椭圆、冬季大三角

两则关于猎户座小猎犬的暴力、血腥且具有劝诫意义的小故事：

伊格卢利克[1]民间传说：西库里阿库修吉依图的故事

从前有一个名叫西库里阿库修吉依图的男人，他圆滚滚的肚子里全是肥肉，连冰冷漆黑的深海里最肥的海豹都没有他胖。他实在太胖了，找不到老婆，所以只好跟自己的姐妹结婚。他们的冰屋一定特别大吧。

其他的男人都出门去打猎，可是西库里阿库修吉依图却躲在家里，因为他害怕压裂冰面，掉进水里。可想而知，营地里的其他人很快就开始讨厌西库里阿库修吉依图这个胖子了。等到冰层最厚的时候，大家劝动他出门一起去打海豹。西库里阿库修吉依图穿着驯鹿皮靴踩在冰上，惊喜地发现冰面居然没有裂开。忙活了一天，他准备和其他猎人一起在冰上扎营。这位憨厚的新手从来没在外面过过夜，因此他向同伴们打听怎样睡觉最好。于是狡猾的猎人们骗他说，初次在冰上扎营的人要在头一晚用鱼叉上的皮绳反捆着手睡觉。西库里阿库修吉依图毫不怀疑地照做了，可是猎人们却趁着他鼾声大作的时候将他乱刀捅死了。于是这个可怜人升上了天空，变成了那颗名为西库里阿库修吉依图的血红色星星，它在其他地方则被称为"南河三（Procyon）"，是小犬座的最亮星，也是空中亮度第八的（同时可能也是最胖的）星辰。

阿提卡[2]传说：伊卡里俄斯的故事

从前有一个名叫**伊卡里俄斯**的男子，他会种植饱满又多汁的葡萄。一天下午，乔装改扮（神经常这么干）的酒神**巴克斯**散步经过，想要到他那漂亮的葡萄园里参观一番。伊卡里俄斯的葡萄园让这位生性快活的神祇很是喜欢，他决定把酿造葡萄酒的方法传授给这位极具天赋的凡人。不难想象，伊卡里俄斯第一次品尝那神圣的酒浆时该多么快乐，轻盈欢愉的泡沫在他体内翻涌，继而缓缓沉淀为温柔醇厚的迷醉。伊卡里俄斯一向慷慨大方，因此他决定办一场宴会，与所有村民和牧人一起分享这种全新的喜悦。好热闹的巴克斯这次扮成了一个粗野的牧羊人，在宴会上疯玩了一阵。就像所有美妙的派对上会发生的一样，宾客们都喝得东倒西歪、不省人事。如果您想知道这些狂欢者第二天早上醒来后又干了些什么、无辜的伊卡里俄斯怎么就落得个悲惨的结局，还有他忠心耿耿的小狗**迈拉**又为什么变成了天上的小犬座，答案就在**牧夫座**的星辰之中。

1. 加拿大北部努纳武特地区的一个因纽特人聚落。
2. 希腊中东部地区。

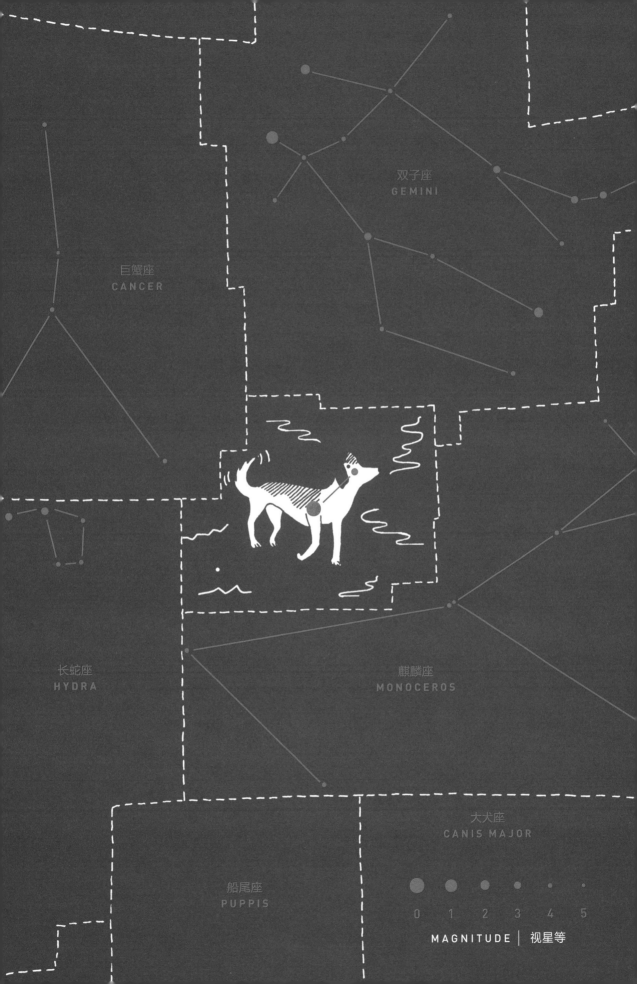

双子座
GEMINI

巨蟹座
CANCER

长蛇座
HYDRA

麒麟座
MONOCEROS

大犬座
CANIS MAJOR

船尾座
PUPPIS

0 1 2 3 4 5

MAGNITUDE │ 视星等

Capricornus

Cap/Capricorni

The Sea Goat

摩羯座

形　　象_	**海山羊**
缩写 I 拉丁名_	**Cap**
属格 I 拉丁名_	**Capricorni**
体量等级_	**40**
星　　群_	**无**

　　我觉得特别遗憾的一件事是，一提到排箫[1]，人们想到的往往是一个穿着斗篷的苏格兰人站在爱丁堡王子街上冲着毫无兴趣的人群吹奏《泰坦尼克号》主题曲，而不是半鱼半羊的**潘**神和他那些风流韵事。同样我也不太确定**宙斯**他自己——他曾被这位森林之神从海怪**提丰**的利爪下解救——会对当代人用这音色甜美的乐器灌制自我调节用的放松音乐CD这事儿作何感想。

　　作为颇具田园风情的古代神，潘通常被描绘成一个长着犄角、山羊腿和偶蹄的好色半羊人。可是，那些把摩羯座刻画成鱼尾羊头形象的中世纪插图也许揭示了这个星座更为古老的起源。亚述－巴比伦传说中有一位名为俄安内的半人半鱼的智慧之神；远古的印度天文学家在那些星星里看到了长着山羊头的鳄鱼与河马；罗马人则把摩羯认作**尼普顿**的后裔（Neptuni Proles，尼普顿就是希腊海神**波塞冬**的拉丁名），它的最亮星垒壁阵四（摩羯座δ）——意为"山羊尾"[2]——刚好就在法国天文学家勒威耶计算出的海王星（Neptune）偏东一点的位置。

　　不过咱们还是回到排箫这个话题吧。万一你日后出游时被某个拥挤不堪、专骗游客的景点搞得情绪低落，不妨试着依靠神话的力量，从那罐头制品一样的乏味音乐[3]中寻觅一丝朴拙的魅力。想象自己正置身于水声潺潺的小溪旁，快活地用脚趾拨弄着溪流，并掬起一捧冰凉的溪水凑到唇边。而就在这时，你发现绿荫下有什么东西在动。你躲到石头后面，看到一头神奇的野兽，他长着山羊胡子，嬉笑吵闹着追逐赤身裸体的仙女。那位叫作绪任克斯的仙女绝望地逃窜着，很快就跑出了森林。你看着她逃到了湖畔，而她身后的半羊人也已追了上来。他伸开双臂扑向仙女，她却骤然消失得无影无踪，他只跟一丛芦苇抱了个满怀（想必是水里好心肠的仙女听见了绪任克斯的呼唤，救了她）。半羊人失望得一屁股坐在地上，悲伤地叹了口气。他的气息穿过芦苇，发出了世间最美妙、最甜美而又最苦涩的声音。潘拔出身边的芦苇，把它们削成一段段长短不一的小管子——他就这样发明了一件乐器，虽然它被后人频频贬低，但对潘来说，这件以"绪任克斯"命名[4]的乐器正如那位仙女本人一样美丽。

1. 排箫英文为"pan pipe"或"pan flute"，直译则为"潘的笛子"。
2. Deneb Algedi，这个名字的来源是阿拉伯语的"山羊尾巴"。
3. 此处指的应该是前文提到过的排箫演奏的治愈系轻音乐。
4. "绪任克斯"原文为"Syrinx"，是古希腊人对排箫的称呼。

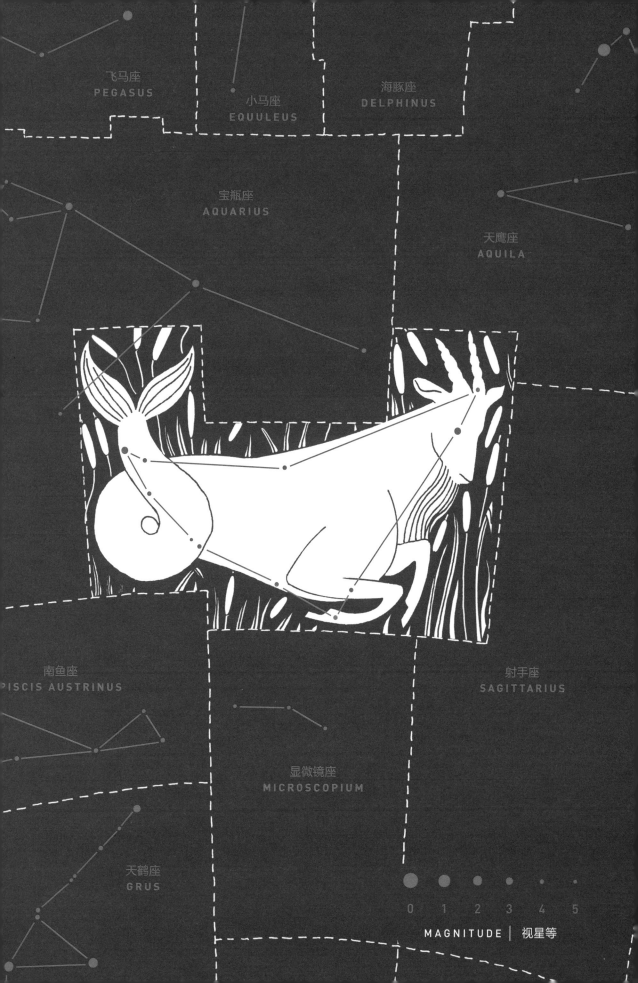

飞马座
PEGASUS

小马座
EQUULEUS

海豚座
DELPHINUS

宝瓶座
AQUARIUS

天鹰座
AQUILA

南鱼座
PISCIS AUSTRINUS

射手座
SAGITTARIUS

显微镜座
MICROSCOPIUM

天鹤座
GRUS

0 1 2 3 4 5

MAGNITUDE ｜ 视星等

Carina

Car/Carinae,

The Keel (of Argo Navis)

● ●

船底座

形　　象_	（"阿尔戈"号的）龙骨
缩写 I 拉丁名_	**Car**
属格 I 拉丁名_	**Carinae**
体量等级_	34
星　　群_	伪十字

伊阿宋与阿尔戈英雄：一部英雄传奇

（五十个希腊英雄操着五十支船桨扬帆起航，前往科尔喀斯，把金羊毛与佛里克索斯的灵魂带回希腊的故事。）

以三部分倒序讲述

[正如托勒密所记录的，由"阿尔戈"号（Argo）得名的南船座（Argo Navis）于1756年被法国天文学家拉卡伊分为三个部分：*船底座、船尾座与船帆座*。]

第一部分：船底

　　老态龙钟、衣衫褴褛的**伊阿宋**坐在科尔喀斯海岸，陷入了对往事的沉思，身边的"阿尔戈"号正慢慢腐烂。当初站在这片沙滩上的时候，他还是个强壮英武的少年，那时的他就像所有英雄一样俊美，当然也像他们一样野蛮、绝望和冲动。他遥想着当年在如今已经发黑的船上比赛划桨的场景，**赫拉克勒斯**、**波吕丢刻斯**、**卡斯托尔**还有他自己——他们一个个在骄傲的驱使下划到肌肉酸痛也不肯认输。伊阿宋轻笑起来，胸口却涌起一阵刺痛，如同对追忆年少时欢乐往事的惩罚。

　　他想起了**美狄亚**。他终于后悔了。凝望着云层下逐渐变暗的海面，他突然想明白了：这一切，终究是他自己的错。他的孩子被残忍地杀害，他血液里翻涌着无法凝结的固执与暴怒，而这一切都是他自己的错。伊阿宋心不在焉地望着水面上掠食的海鸥。他能够向谁辩解呢？众神吗？他以神明的名义行事，到头来却徒劳无功，被判以四处漂泊的命运。可毕竟是他自己违背了诺言：他以奥林匹斯山众神的名义发誓忠于美狄亚。但这誓言从一开始就和爱情没什么关系：虽然那位女巫的确非常迷人，可他只是想利用她的诡计来夺取金羊毛。他早该明白的，在她向空中抛撒魔药迷幻野兽的时候就该明白，她的危险之处不是血管里奔涌的魔力，而是潜藏在心中的暴虐，就像他自己一样。

　　海鸥俯身冲入波涛。美狄亚。她为他奋战，为他杀戮，为他谋夺了科林斯的王位，为他生育了七个女儿和七个儿子。可是他抛弃了她——为了区区一个小姑娘而抛弃了她。难怪她会给他天真无知的小新娘送那条浸满毒液的裙子。在年轻的格劳刻穿上那条致命的礼服时，不仅她自己，她的父亲克瑞翁王和所有来宾都被烈焰吞噬了，而他伊阿宋却从王宫的窗户逃了出去。作为报复，狂怒的科林斯人把他的孩子全部抓起来，用乱石活活砸死。而这一切的一切都是他的错。

　　他攀上昔日给自己带来荣耀的残骸，准备在船舷自缢。一根早已腐朽不堪的横梁终于挺立到了极限，倾倒下来，给了伊阿宋的头颅沉重而致命的一击。

天鸽座
COLUMBA

绘架座
PICTOR

船尾座
PUPPIS

剑鱼座
DORADO

船帆座
VELA

飞鱼座
VOLANS

山案座
MENSA

变色龙座
CHAMAELEON

人马座
AURUS

八分仪座
OCTANS

苍蝇座
MUSCA

南十字座
CRUX

0 1 2 3 4 5

MAGNITUDE | 视星等

Cassiopeia

Cas/Cassiopeiae

The Ethiopian Queen

仙后座

形　　象_	埃塞俄比亚王后
缩写｜拉丁名_	Cas
属格｜拉丁名_	Cassiopeiae
体量等级_	25
星　　群_	三向导

一则用蹩脚的打油诗串成的故事

埃塞俄比亚的王后可真骄傲，
成天价吹嘘自己的花容月貌：
"要说起我的模样儿来，
"那可称得上真不赖，
"连海里的仙女都不如我妩媚妖娆！"

海神**波塞冬**听了可真生气，
涛里浪里耍开了三叉戟，
搅了个天摇地也动，
引得那海怪出了洞，
定要把埃塞俄比亚夷为平地。

卡西奥佩亚想平息海怪的怒火。
自私自利的王后却又犯下大错。
"天鲸你若把火气消，"
王后与海怪商量道，
"我愿献上亲生女，随你发落。"

她在海边把**安德洛美达**绳捆索绑，
不幸的少女惊恐彷徨却脱不得。
多亏英雄现身形，
连声说"这可不行"，
"如此佳人的故事怎能悲剧收场？"

大英雄**珀尔修斯**救得美人归。
傲慢的卡西奥佩亚可遭了罪。
罚她大头朝下在星间锁，
她露着的地方咱可不敢说。
夜夜星起又星落，日日意冷又心灰。

古希腊的星座神话口口相传，
在因纽特人讲来却并非这般，
哪有王后受责罚，
何来贵妇态不雅，
分明只有台灯罩，闪闪星灯顶上安。

天龙座
DRACO

鹿豹座
CAMELOPARDALIS

仙王座
CEPHEUS

英仙座
PERSEUS

仙女座
ANDROMEDA

三角座
NGULUM

MAGNITUDE │ 视星等

0 1 2 3 4 5

Centaurus

Cen/Centauri

The Centaur

半人马座

形　　象_	**半人马**
缩写丨拉丁名_	**Cen**
属格丨拉丁名_	**Centauri**
体量等级_	9
星　　群_	南天指极星

　　打扫阁楼的时候，**阿斯克勒庇俄斯**找到了自己做学生时的成绩单。这些落满灰尘的旧纸把他的思绪带回了皮利翁山上**喀戎**的洞窟。好心肠的喀戎对他倾囊相授，如果没有喀戎的悉心教导，他肯定一事无成，如今更不可能成为成功的治疗师。然而可怕又讽刺的是，这位传授他毕生医药所学的导师，却无法从毒箭下挽救自己的生命。仅仅是想起那温柔的半人马从自己膝盖上拔起泛着泡沫的箭头的场景就让他战栗不已。

　　　虽然箭术和狩猎这两门课程于他有些困难，阿斯克勒庇俄斯在草药学和魔法学上却有过人的表现。与我过去和现在的其他学生相比——尤其是跟**伊阿宋**、**阿喀琉斯和赫拉克勒斯**比起来——他显得有些信心不足，但还是在不断进步之中。

　　阿斯克勒庇俄斯皱起眉头，努力地回忆着自己的少年时代。面对喀戎教导过的那群英雄，或许他有些自惭形秽吧。这种软弱的想法本不应该被老师责罚吗？可是喀戎从来都做不到那么严格。他和同族的其他半人马不一样，那些家伙多半是些野蛮的酒鬼，而喀戎既温和又慈爱。可能正是这一点让他成了一位好老师吧，甚至连众神都愿意信任他。阿斯克勒庇俄斯想起了自己的孩子，他不确定自己在这方面有没有做错过什么。他的大女儿许革亚一直很乖，既干净又整洁，从来不需要他多操心（她的祖父**阿波罗**已经把她选为掌管卫生的女神了）。而其他几个孩子有时候会让他伤点脑筋，不过也都还混得过去。他唯独对那个侏儒儿子忒勒斯福罗斯格外严厉，他知道，自己对这个孩子不太好。

　　他又把箱子翻了一遍，找到一本当年用过的教科书：《音乐宇宙[1]：初级》。他随手翻了几页，当初自己孩子气的涂鸦把他吓了一跳。上面还有几张他老师的卡通

---

1. Musica Universalis，又作 Music/Harmony of the Spheres，一般翻译为"音乐宇宙"或"天体和谐"，是一种古老的哲学观念：天体——太阳、月亮和行星——在运动中的相关比例应遵循音乐的普遍形式（musica），此处的音乐并不是字面意义，而是一个谐波、数学或宗教上的概念。

画像：他曾经试着描绘那半人半马的奇特身姿，可明显不太成功。他一直不敢向喀戎本人打听老师自己的身世，男孩们心怀敬畏地偷偷议论着这个话题，这让他又担心又无法自拔。现在他当然都知道了，喀戎的父亲是泰坦之王**克洛诺斯**，母亲是海洋女神之一的菲吕拉；他当然也知道，当年克洛诺斯的妻子**瑞亚**正好撞见二位偷情，情急之下克洛诺斯化身公马逃离了现场（当然还有妻子的盛怒），海洋女神则怀上了半人半马的喀戎。

老师遭受了多大的痛苦呀，沉浸在学生时代零零碎碎的记忆中，阿斯克勒庇俄斯这么想着，老师他躲在自己的洞窟里，而那流着血的伤口怎么也治不好。当然那不是赫拉克勒斯的错，他并不知道自己跟人马兽混战的时候会不小心把毒箭射到昔日恩师的膝盖上；多年前他除掉巨蛇**许德拉**，用她的毒血浸泡箭头的时候，也不可能想到这毒有朝一日会跑到喀戎的血管里去。又有谁能阻止命运的安排呢？这当然也不是喀戎自己的错，虽然他深受其苦。喀戎因拥有神祇的血统，即便受伤也不会死去，所以无法从绵延不断的痛苦中解脱，连阿斯克勒庇俄斯都对老师的疼痛无计可施。好在**宙斯**大发慈悲，允许喀戎把自己的永生之力赠予**普罗米修斯**，将这位受苦的英雄从**天鹰**的利爪下解救出来，而这位善良的半人马也得以安详地迎接死亡。

阿斯克勒庇俄斯发现盒子最底下有什么东西在闪着光，那是一面奖牌："勤奋奖"。他想起了自己赢得这面奖牌的那一天。他想起了林间那片举行比赛的空地；想起了自己站在其他男孩中间，手里攥着那张于他而言太大太笨重的弓，双眼紧盯着那片他努力瞄准却总是射不中的树林。当时的他感觉异常羞愧，不仅是因为得了这个愚蠢的奖，更是因为分明已经那么努力了，最后却还是以失败告终；此时的他仍像当年一样，羞愧难当。

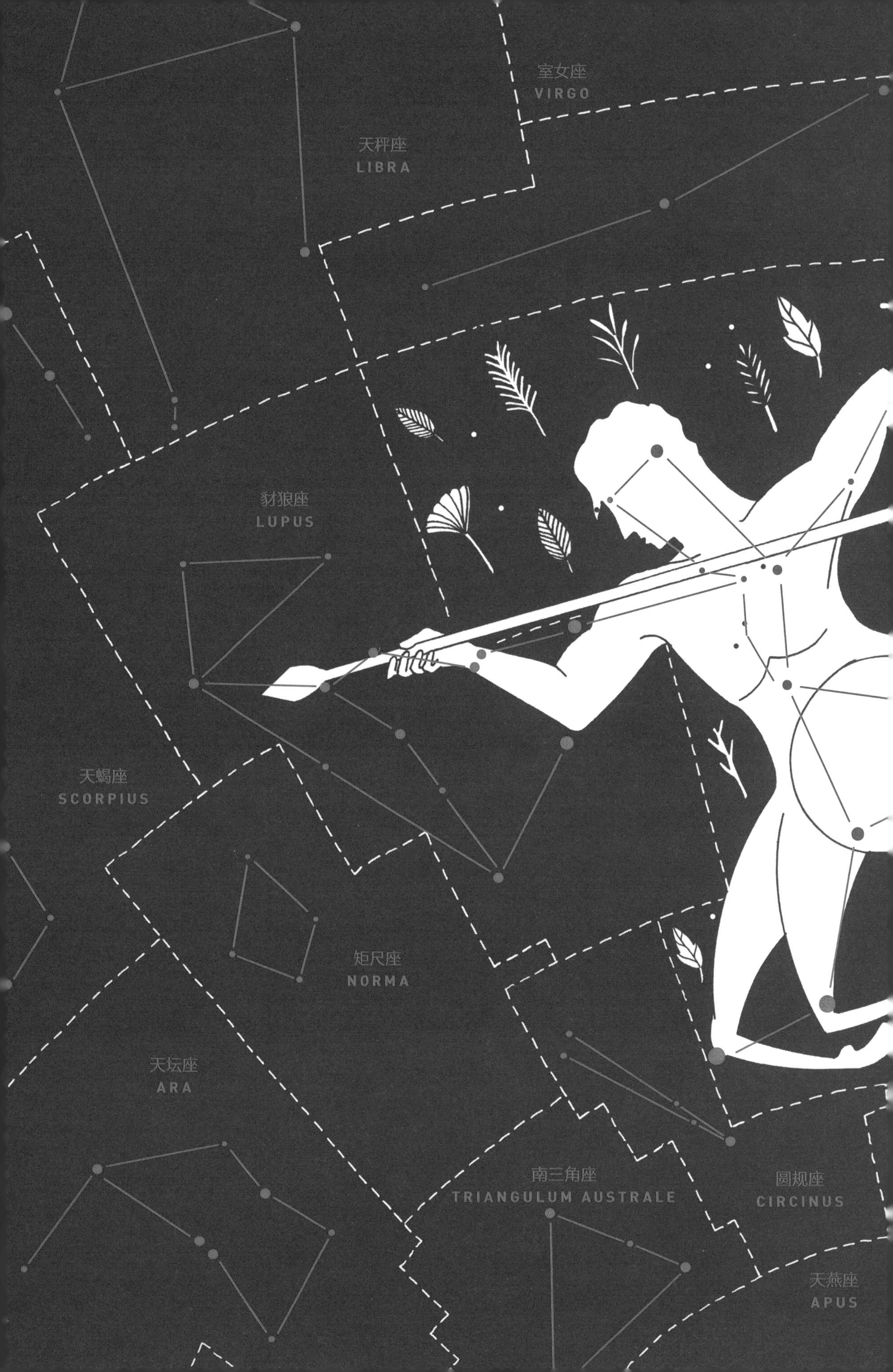

室女座
VIRGO

天秤座
LIBRA

豺狼座
LUPUS

天蝎座
SCORPIUS

矩尺座
NORMA

天坛座
ARA

南三角座
TRIANGULUM AUSTRALE

圆规座
CIRCINUS

天燕座
APUS

Cepheus

Cep/Cephei

The Ethiopian King

仙王座

形　象_	**埃塞俄比亚国王**
缩写|拉丁名_	**Cep**
属格|拉丁名_	**Cephei**
体量等级_	27
星　群_	无

　　我无法开口讲述我的不幸，可各位还是能在星空中看到，我家庭的悲剧在天幕中群星的舞台上一遍一遍地上演，永无止境。我是约帕的国王，虚荣的**卡西奥佩亚**的丈夫，世间最美丽的少女——我心爱的**安德洛美达**（仙女座）——的父亲，虽然我已没有自称父亲的资格。如今我的星辰已不再明亮，你们可能得使劲眯着眼睛，绞尽脑汁，发挥极大的想象力，才能勉强在星空中勾勒出我的身影。和我的妻子不一样，在那个故事里，无论如何我都不会是那个被人铭记的角色。她星座中最亮的五颗星星构成了一个著名的"W"——W代表着女性（Woman）、女巫（Witch），以及其他诸如此类的词语。可能是我太软弱了吧，而我也确实在王后手里被攥得死死的——可那是多美的一双手啊……

　　有一天，当卡西奥佩亚梳理着自己乌黑浓密的秀发时，她对自己美貌的夸耀过了头。打量着自己映在镀金镜子里的面容，她竟然宣称自己比**波塞冬**的女儿们——那些美貌绝伦的**涅瑞伊得斯**海仙女——还要美丽动人。这自然让海神大为震怒，他把一腔怒火全部灌注于手中的三叉戟，狠狠地拍击海面，掀起怒涛淹没了我的国土，又从深渊召来了凶恶的海怪**天鲸**。这头巨兽给我的王国带来了浩劫，为了从它的利齿下挽救人民，我向阿蒙神祈求神谕，得到的却是一个让我心碎的答案。我只能二者选一：把爱女献给这头饥饿的怪物，或者让我的臣民面对它永不停歇的暴怒。

　　所以我只能把安德洛美达带到海边，并把自己的亲生女儿用锁链捆在巨石上。

　　时至今日，她那惊恐的尖叫与浑身颤抖的模样依旧在噩梦中折磨着我。那头怪物缓缓浮出水面，邪恶的双眼已然盯住了我的宝贝女儿。万幸的是，多亏了宙斯的保佑，她的一生才没有以悲剧收场。斩杀了蛇发女妖**美杜莎**的**珀尔修斯**在归途中刚好经过此处，他听到了安德洛美达的惨叫，并为她的美貌深深倾倒——就像我自己当年被她母亲的容颜征服一样。他承诺为我们除去那头怪兽，我保证把女儿嫁给他以作报答。这位机智的英雄想到了一条对付这怪物的妙计，他背对着太阳飞到天鲸的头顶，当那蠢东西扑向珀尔修斯水面上的投影时，英雄本人趁机用利剑狠狠地刺穿了它的血肉。他拯救了安德洛美达，带她骑着飞马**珀伽索斯**远走高飞了。

　　女儿当然不会原谅她的母亲，也不会原谅我。如同我置身的天幕般永续的哀愁便是对我的责罚。而她的母亲则被判处围绕北天极运转，每年中总有一段时间她要头下脚上地叉开双腿倒挂在空中，以这个羞耻的姿势作为对她骄傲的惩戒。

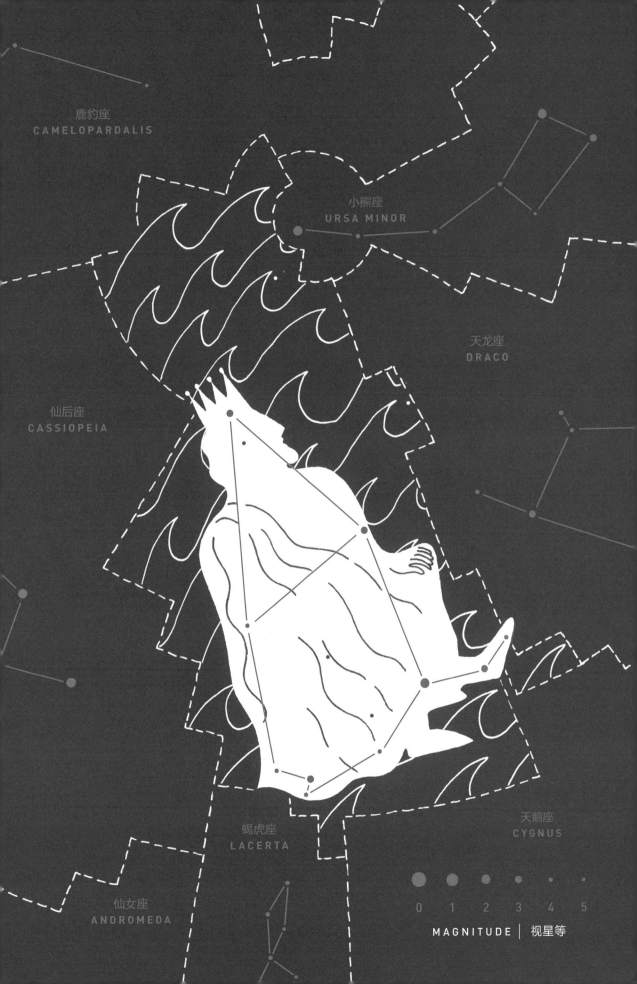

鹿豹座
CAMELOPARDALIS

小熊座
URSA MINOR

天龙座
DRACO

仙后座
CASSIOPEIA

蝎虎座
LACERTA

天鹅座
CYGNUS

仙女座
ANDROMEDA

0 1 2 3 4 5

MAGNITUDE │ 视星等

Cetus

Cet/Ceti

The Sea-Monster

●● ●

天鲸座

形　象_	海怪（鲸鱼）
缩写 l 拉丁名_	Cet
属格 l 拉丁名_	Ceti
体量等级_	4
星　群_	头部

　　一片怪诞的沉寂，海岸特有的嘈杂依稀可闻。接着是修长美丽的双腿踩着海水的声音。模糊的欢闹声伴随着泼水的动静，终于变成假日应有的喧哗。然后又是怪诞的沉默，又是双腿在水中行走的声音。

　　你肯定在哪里见过这一幕。

　　一个天真的小女孩在浅滩上玩水，孩子们在海浪中嬉戏，充气床垫、兴奋而尖锐的叫喊声，一幅完美的夏日图景。

　　你肯定在哪里见过这一幕。

　　在大海幽暗的深处，一头巨兽摆动着沉重的身体，飞快地穿过冰冷的海水，向着光亮的地方游去。一片怪诞的沉寂，一阵双腿拨动海水的声音。

　　你肯定在哪里见过这一幕。

　　这头从天堂的深渊蜿蜒而出的恶名昭彰的生物到底是什么？这头背上生着藤壶、鳃中挂着海藻的生物，这头满怀着永不消亡的贪欲潜伏于海底的生物，这头从无法追忆的远古时期便开始威胁海岸、危害人类、引得英雄纷纷出世的生物到底是什么？

　　它会不会是**提亚玛特**，巴比伦神话中的原初混沌之兽？不，她早就被天空之神**马杜克**杀死了。他骑着白马飞向巨兽，并打败了她，又用她的身体塑造了天与地。

　　它会不会是那头巨怪——**珀尔修斯**（他脚蹬会飞的凉鞋，而不是像很多故事中说的那样骑着英雄标配的骏马）从其利齿下拯救了**安德洛美达**？不，珀尔修斯用自己的影子骗过了那海中的怪兽塞特斯（天鲸座），并趁机用宝剑刺穿了它硬鳞覆盖下的血肉。

　　它会不会是在利比亚的湖中作乱的恶龙？它让绝望的国王为了挽救国家不得不决定献上自己美丽的女儿，而圣乔治刚好在那时经过。那位英勇的骑士拯救了公主，用手中的阿斯卡隆宝剑斩杀了邪恶的怪兽。（而多年之后，另一位英国的先锋，温斯顿·丘吉尔，用这把宝剑来给自己的私人飞机命名。）

它会不会是莫比·迪克[1]……

这鱼形的魔王究竟是谁？这千万年来在我们的海岸上与梦境中肆虐的无面怪兽，它从我们脑海中的深渊游出，侵扰我们的梦境，它的身影不仅在我们的噩梦中盘桓，更在群星之中闪耀。

双腿拨动海水的声音；孩子们嬉闹的声音；某种乐器——是大提琴吗？还是圆号？（不，那其实是大号）——在两个音符之间骤然奏出噩兆般的变调；有什么东西在缓缓上升，向那双腿游去。

我想，你已经知道那"天鲸"到底是什么了……

1. 美国作家赫尔曼·梅尔维尔的小说《白鲸》（*Moby Dick*）中的白色抹香鲸，书名亦作《莫比·迪克》。

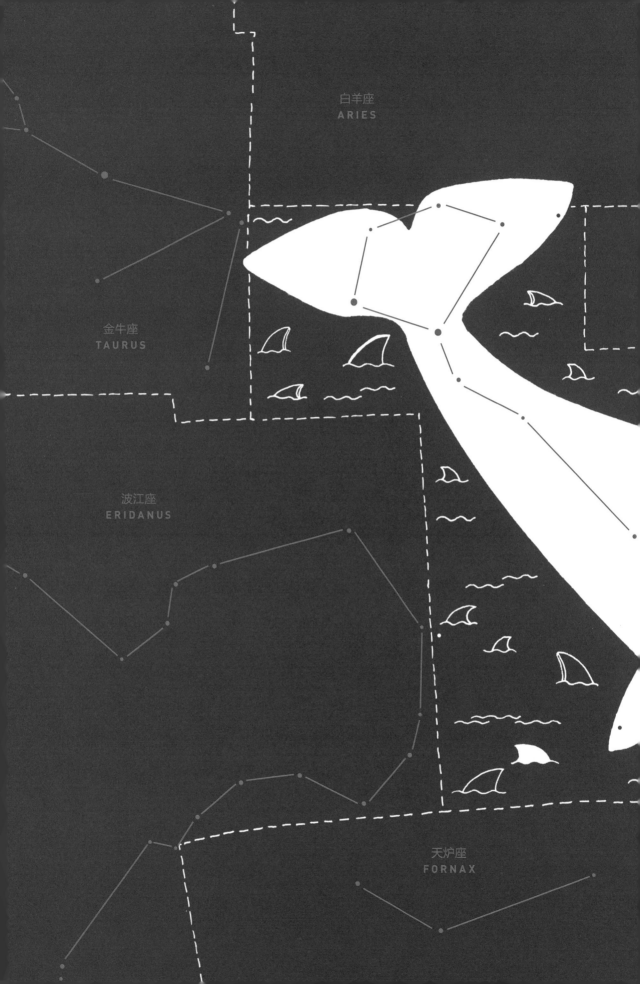

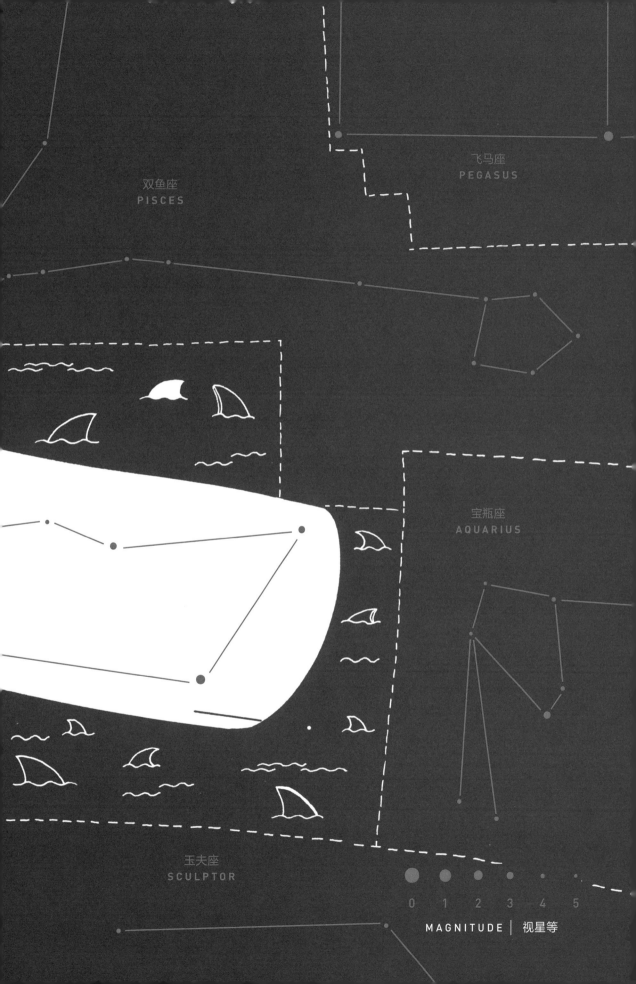

双鱼座
PISCES

飞马座
PEGASUS

宝瓶座
AQUARIUS

玉夫座
SCULPTOR

0 1 2 3 4 5

MAGNITUDE 视星等

Chamaeleon

Cha /Chamaeleontis

The Chameleon

变色龙座

形　象_	变色龙
缩写I拉丁名_	Cha
属格I拉丁名_	Chamaeleontis
体量等级_	79
星　群_	无

　　我被认定为星座的时间可以说是太晚了一点。在那之前，我已经在星空中乱飘了好几千年啦，一会儿在这边中国人的夜空里演一演乌龟，一会儿在那边纳瓦霍人的眼里做一做郊狼。要让我自己说的话，我当布荣人的眼斑冢雉[2]当得还怪不错的呢。

　　对呀，在那些好心眼的荷兰制图家在天球上给我一席之地之前，你们人类对我可真是不怎么样。这都是你们那个大鼻子的罗马话痨奥维德开的坏头儿，他颠倒的是非可多着呢。（说到这里，我得提醒你们一句，你们干啥都行，就是千万别让安德洛美达谈这个话题。）是这位堂堂的普布留斯·奥维第乌斯·纳索，最先在他的小蜡板上写下我是怎么靠"餐食空气"活着，又如何如何能改变颜色的诗歌，然后他们一个个地都跟着这么说了。当然喽，我是一点都不能否认自己并不讨厌被关注的感觉，毕竟奥斯卡·王尔德有句话说得好（我实在是喜欢他那任性善变的脾气！）："世界上只有一件事比被人议论更糟糕，那就是没有人议论你。"可是老莎有必要非得让他那个书呆子小青年哈姆莱特拿我来遮遮掩掩地打比方吗？

　　国王：你过得好吗，哈姆莱特贤侄？

　　哈姆莱特：很好，好极了；我过的是变色蜥蜴的生活，整天吃空气，肚子让甜言蜜语塞满了；这可不是你们填鸭子的办法。[3]

　　我花了好几个世纪来琢磨王子抨击他篡位的叔叔的这几句话，可是到今天都没弄明白这话到底是在捧我还是在骂我。

　　然后来了个得了肺结核的青少年济慈，他似乎把我看成和他一伙儿的："使讲道德的哲学家看了吃惊的却使变色龙似的诗人狂喜[4]。"没错，我着实不怎么待见你们那些品行端正

的哲学家所谓的高论，不过也别指望我对鬼哭狼嚎的诗人高看一眼。这个浪漫派的小年轻最让我伤心的一个含沙射影的论调就是，我没有属于自己的身份："（我要说）它没有——它什么都是，又什么都不是——它没有特性——它喜爱光明黑暗；它总要做到淋漓尽致，不管牵涉到的是美是丑，是高贵是低下，是穷是富，是卑贱还是富贵……[5]"可是正如凯泽与德·豪特曼这两位可敬的探险家于1595年登陆马达加斯加时发现的那样，我在危险的环境下改变体色隐藏自己的能力是我独有的天赋，是只有我才能掌握的特技，才不是什么模仿别人的噱头呢。在你们人类中伤我那来源于你们的臆想的能力之前，还是先好好看看自己吧，看看自己穿着毫无创意的灰西装在办公室里踱来踱去的样子。

　　既然我都把话说到这儿了，就索性都说了吧：我一点都不喜欢你们澳大利亚人当年给我起的那个外号，因为我很明显不是——而且从来不是——煎锅这种无聊的玩意儿；也不怎么喜欢中国天文学家给我起的"小斗"这个小名儿[6]。

1. 中文学名为"蝘蜓座"。
2. "布荣人（Boorong）"是澳大利亚原住民的一支，在他们的传说中，变色龙座形象是一只眼斑冢雉，一种分布于南澳大利亚州、新南威尔士州和维多利亚州的部分地区的大型地面栖居鸟。
3. 见朱生豪译本《哈姆莱特》。
4. 来自济慈1818年致理查·伍德豪斯的一封书信，此处引self周珏良译本。
5. 同上。
6. 变色龙座古称"小斗"。

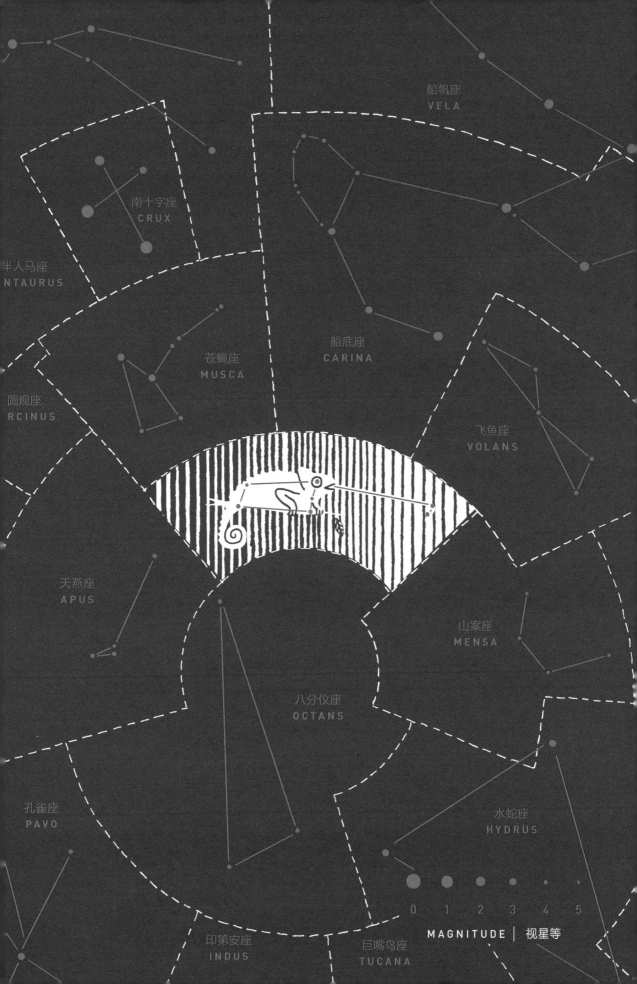

船帆座
VELA

南十字座
CRUX

半人马座
NTAURUS

苍蝇座
MUSCA

船底座
CARINA

圆规座
RCINUS

飞鱼座
VOLANS

天燕座
APUS

山案座
MENSA

八分仪座
OCTANS

孔雀座
PAVO

水蛇座
HYDRUS

印第安座
INDUS

巨嘴鸟座
TUCANA

0　1　2　3　4　5

MAGNITUDE │ 视星等

Circinus

Cir/Circini

The Compasses

形　　象_	**圆规**
缩写I拉丁名_	**Cir**
属格I拉丁名_	**Circini**
体量等级_	85
星　　群_	无

圆规座

这些无限空间的永恒沉默使我恐惧。

——布莱士·帕斯卡（1623—1662）

　　这又是法国天文学家**尼古拉·路易·德·拉卡伊**为了纪念数学与科学工具而标记的一个星座。圆规座代表的是测绘员常用的圆规，它旁边的夜空中还放着他们的另一种常用工具——矩尺座。这个一度被认为无关紧要的星座——直到1970年才发现其中包含着一个未曾观测到的完整星系——在我看来可一点都不算不起眼。实际上讽刺的是，它的渺小正揭示了与之完全相反的真相：宇宙那庞大而令人生畏的未知。仅仅是设想一下那圆规能在宇宙中画下一个多大的正圆，就足以使我清醒，可我却宁愿在蒙昧中沉沉地睡去。

　　诗人约翰·但恩也被那些科学发现的玄妙喻义所困扰。他绝大多数作品的主题都紧跟文艺复兴期间各种全新的令人震惊的天文学发现与成就。他本是罗马天主教出身的风流之士，后来却饱受生活之苦，最终改信国教，成为圣保罗大教堂的教长。这让他在看待诸如**哥白尼**、**布拉赫**、**伽利略**与**开普勒**等人的科学发现时显得格外游移不定。他的立场到底是出于宗教的怀疑主义还是基于个人对学识的仰慕，依旧是历史学家争论不休的话题。而他的情感也正如那些诗歌一样扑朔迷离。

　　但是，关于但恩，至少还有一件可以确定的事情：他的确很爱自己的妻子。在我最爱的一首他的诗作——或许也是所有诗歌中最爱的一首——《别离辞：节哀》[1]之中，被用作比喻的正是一副圆规，而它比喻的对象，也正是唯一能够抚平那无限空间的永恒沉默带给我的恐惧的东西：爱。

两个灵魂打成了一片，
虽说我得走，却并不变成
破裂，而只是向外伸延，
像金子打到薄薄的一层。

就还算两个吧，两个却这样
和一副两脚规情况相同；
你的灵魂是定脚，并不像
移动，另一脚一移，它也动。

虽然它一直是坐在中心，
可是另一个去天涯海角，
它就侧了身，倾听八垠；
那一个一回家，它马上挺腰。

你对我就会这样子，我一生
像另外那一脚，得侧身打转；
你坚定，我的圆圈才会准，
我才会终结在开始的地点。

1. 译名同下文节选取卞之琳译本。

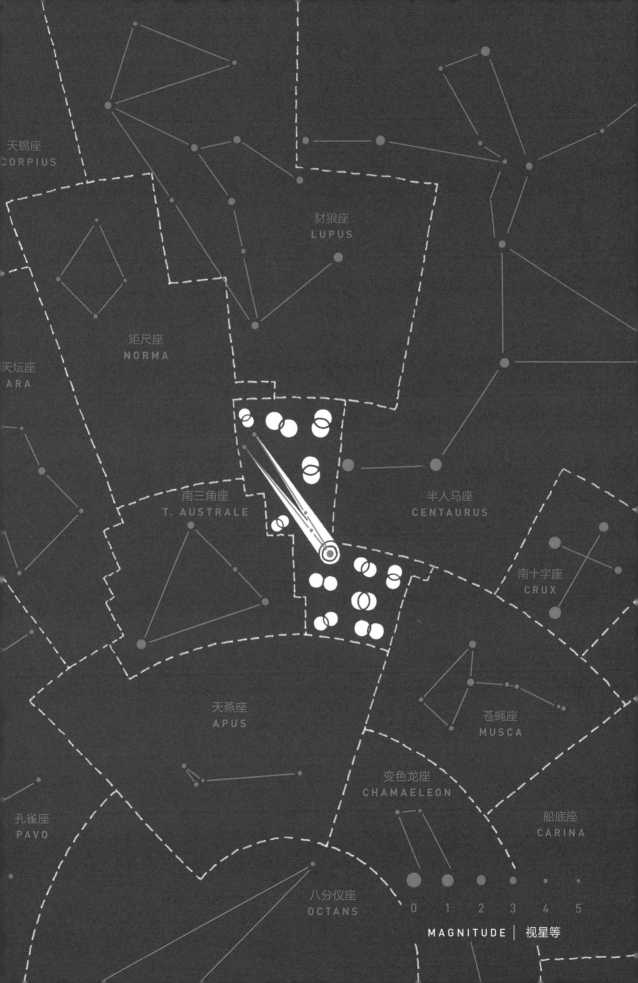

Columba

Col/Columbae

The Dove

●　●

天鸽座

形　象_	鸽子
缩写Ⅰ拉丁名_	Col
属格Ⅰ拉丁名_	Columbae
体量等级_	54
星　群_	无

　　在西班牙内战之前，巴勃罗·毕加索——据他的画商丹尼尔–亨利·卡恩维勒所说——是"最不关心政治的人"。但是，战争的恐怖最终促使他创作了几幅旷世名作，并终生致力于共产主义对抗法西斯势力的斗争，以及对和平与自由的努力追求。1937年，纳粹轰炸了巴斯克地区的格尔尼卡小镇，那幅同名油画便是他对此事的即刻回应，画中描绘的混乱与苦痛，正展现了战乱的恐怖所激发的强烈想象。在这幅充满隐喻与象征的画作中，神话传说与现实存在同时出现：一头**米诺陶诺斯**和一盏电灯，它们共同暗示着战争的创伤。醉心于远古传说与古典神话的毕加索肯定将他眼中的星辰也进行了排列重组。

　　在他还是个孩子的时候，他家的房子里到处都是鸽子，他的父亲也曾经教过他鸽子的画法。在画家日后的生命中，他的私宅与画室总是少不了鸽子的咕咕声。1949年，诗人兼编辑的路易斯·阿拉贡拜访了他的工作室，挑选了一幅美丽的白鸽石版画作为巴黎共产主义世界和平大会海报的画像。因好友兼竞争对手马蒂斯送给他的一幅柔美精致的鸽子写实画像与他的原作相似，毕加索便将原作简化成了完全由线条勾勒而成的精简形象，如今这幅画已然成为全世界最著名的和平标志。会议前夜，弗朗西丝·吉洛特[1]产下一名女婴。这是毕加索的第四个孩子，他们给这个孩子取名"帕洛玛"——西班牙语的"鸽子"。

　　星空中的那只鸽子追随着**伊阿宋**和勇士们的战船阿尔戈号，它曾经带领着这艘船从叙姆普勒加得斯的石门穿过，而那对撞岩会撞碎穿行其中的一切船只。可是在**皮特鲁斯·普兰修斯**第一次把它作为星座标在天球图中的时候，这位荷兰天文学家想的却是《圣经》故事中那只衔来橄榄枝的鸽子。他甚至因此把南船座的名字标成了"挪亚方舟"。最终希腊神话的说法得以沿用，天鸽座里两颗被命名的星星也都像传说中的鸟儿一样，成为好消息的信使。它的最亮星是闪着蓝白光的三等星丈人一（Phact/Phakt），这个名字来源于阿拉伯语的"斑鸠"。而天鸽座 β 星是一颗名为子二（Wazn/Wasn）的黄色星星，这个名字的含义则是"重量"。

　　我不知道，若是有朝一日无数饱受战争之苦的人开始抬头仰望星空中这只小小的鸽子，我们期盼和平终将降临的愿望会不会太幼稚。

1. Françoise Gilot（1921— ），又译作方斯华姿·吉洛，法国女画家、艺术批评家及作家，毕加索1943—1953年的缪斯和情人，与毕加索育有两个子女。

麒麟座
MONOCEROS

猎户座
ORION

天兔座
LEPUS

波江座
ERIDANUS

大犬座
CANIS MAJOR

雕具座
CAELUM

船尾座
PUPPIS

绘架座
PICTOR

船底座
CARINA

0 1 2 3 4 5

MAGNITUDE | 视星等

Coma Berenices

Com/Comae Berenices

Berenice's Hair

后发座

形 象_	贝伦妮斯的秀发
缩写l拉丁名_	**Com**
属格l拉丁名_	**Comae Berenices**
体量等级_	42
星 群_	无

这仙子，简直要我们男人性命：
她蓄着秀发，分两路披在后颈，
全都一圈一圈的，滋润又光亮，
同象牙般白皙皮肤相得益彰：
爱神以此类迷宫捆住其奴隶，
伟大的心灵缠在这种细丝里。
——亚历山大·蒲柏，《秀发遭劫记》[1]

"那个一肚子傲气还扑了一脑袋粉的小白脸，瞧他那副装模作样的德行！他多半是忘了，自己只不过是个诗人，不是什么神圣罗马教会的大官……"

理发师一边这么说着，一边停下手上刮了一半胡子的剃刀，"啧啧"地感叹了几声，就像是对自己的话做出什么解释似的。在这个身材肥胖的大嗓门重新干起他那件危险的活计时，被刮胡子的年轻绅士紧张地往后缩了缩。

"您瞧，这回事是这样的。不过就是一群信天主教的阔人之间的风流事——有个爱谁谁老爷跟爱啥啥小姐——他偷了她的一撮儿头发，又有什么爱咋咋地家族在里面搅和得不亦乐乎，然后他们就把这个写歪诗的家伙找来，叫他写个打油诗来和稀泥，好让这场乱子平息。反正我那几个上流社会的主顾是这么跟我讲的——这话可就咱两人之间说说得了啊！"

他怪模怪样地对着镜子里的主顾挤了挤眼。

"那个娘娘腔的亚历山大自己可用不着操心头发——他戴的是假发。可是您得想想，要想把上流社会那些个害相思病的阿拉贝拉、卡米拉还是贝琳达来着，她们自己瞎折腾过的一脑袋头发，重新打理成时髦的发型，那得多难哟。"

理发师又戏剧性地"啧啧"了几声。

"这事儿一开始还挺单纯的——就是有个头脑空空的男爵小姐来找我，叫我剪掉她头上长得最好的头发——'就像那部英雄诗歌里说的那样！'她应该是这么说来着，反正都是些类似的话。哎哟——再坚持一下，先生，只是划了个小口儿……"他慌慌张张地说道，按了按年轻人越发惨白的脸颊。

"然后又来了个女侯爵之类的人，把自己的一脑袋卷鬈给剪下一半去，搞得现在整个伦敦都颠三倒四的。敢情那个满嘴大话的破诗人的打油诗是照着什么古代传说写的，讲的是个什么娘儿们把自己的头发剪下来放进星星里的故事。"

"那是埃及的贝伦妮斯王后，"年轻的绅士插嘴道，"她是一个真实的历史人物。这位女王剪掉了自己精心保养的长发，把它奉给**阿芙洛狄忒**神庙作祭品，表示对女神护佑她丈夫从战场上平安归来的感谢。第二天，王后消失的长发在朝堂上引发了一场骚动，最终还是来自亚历山大的数学家与天文学家科农机智地平息了国王的怒火。他指着天上一片明亮的散星告诉国王，那就是贝伦妮斯的秀发，它们已经上升到天界了。"

"哎，反正应该跟您说的也差不离吧，"理发师答道，"这些话对我来说，就跟希腊话一样听不明白。"

1. 又译为《夺发记》，诗人亚历山大·蒲柏所作的英雄滑稽诗，此处选用的是黄杲炘译本。

猎犬座
CANES VENATICI

大熊座
URSA MAJOR

狮子座
LEO

牧夫座
BOÖTES

室女座
VIRGO

0 1 2 3 4 5

MAGNITUDE ｜ 视星等

Corona Australis

● ●

CrA/Coronae Australis

The Southern Crown

南冕座

形　　象_	南方的冠冕
缩写I拉丁名_	CrA
属格I拉丁名_	Coronae Australis
体量等级_	80
星　群_	无

　　凯蒂长得不漂亮，因此她决定变得聪明。我们不妨推测一下，既然这个好学的姑娘1856年出生于澳大利亚南部英康特湾的一个清教徒家庭，那么她对希腊神话的了解可能一点都不比对《圣经》的了解少。她可能从罗马诗人**奥维德**的作品中读到过一些故事。当然，母亲索菲亚·菲尔德在给她和那个救过凯蒂一命的原住民姑娘上课的时候应该不会教拉丁语。但是菲尔德夫人有没有把阅读古典文学的乐趣教给姑娘们呢？我想，答案应该是肯定的。我们完全不难想象，这个永远保持好奇的小姑娘凯蒂会扯扯她爸爸——牧场主亨利·菲尔德——的衣袖，拜托他把那本落满尘土的《变形记》从书架上拿下来。

　　她多半是坐在家里的台阶上读着**朱庇特**与塞默勒的故事，后者因受了这位神祇的"种子"而大了肚子。她出于本能地意识到，绝对不能找爸爸去打听这话到底是什么意思——反正他养的是牲畜，而不是庄稼，凯蒂这么想着。她接着读到，朱庇特那位愤恨不已的妻子**朱诺**，假扮成塞默勒的乳娘接近丈夫的小情人，虚情假意地问她，如何确定让她大了肚子的就是朱庇特本人。这让凯蒂羞得满脸通红，她抱着书本跑上楼回到卧室，才敢接着读剩下的部分。

　　那冒牌的奶娘花言巧语地撺掇塞默勒，让她央求朱庇特用跟朱诺行房时一样的方式与她亲热。可是这年少的凡人终究承受不住天神朱庇特那过于炽烈的情欲，在他的怀中化作了一团烈火。朱庇特把她腹内的胎儿抢救了出来，缝进了自己的小腿肚，让他在那里完成了孕育。多年之后，这个孩子长大成为酒神**巴克斯**，他带着赠礼桃金娘前往地府寻找母亲的亡魂。诸神同意让塞默勒在奥林匹斯山上拥有一席之地，而巴克斯本人则在群星之间安置了一顶花冠，以此来纪念自己的母亲。此后酒神那些大名鼎鼎的追随者——读到他们那些堕落狂欢的仪式时，凯蒂的眼睛一定瞪得像碟子那么大——也都会佩戴用桃金娘编织的花冠。

　　多年之后，昔日的凯蒂早已嫁为人妇，成为一名业余的人类学家，并以K.朗洛·帕克的笔名闻名于世，而那个传说几乎已被她忘在脑后。早在一段时间以前，她就已经开始探索一种截然不同的神话体系了。帕克太太和丈夫如今住在大洋洲内陆的偏远地区，她与原住民邻居们一同围坐在篝火边，记录下他们的神话与传说。对彼时的她来说，南冕座早已不是塞默勒的花冠，而是一把回旋镖。帕克太太本人可能并不知道，这是原住民天文学中唯一一个"结点连线"而成的星座。

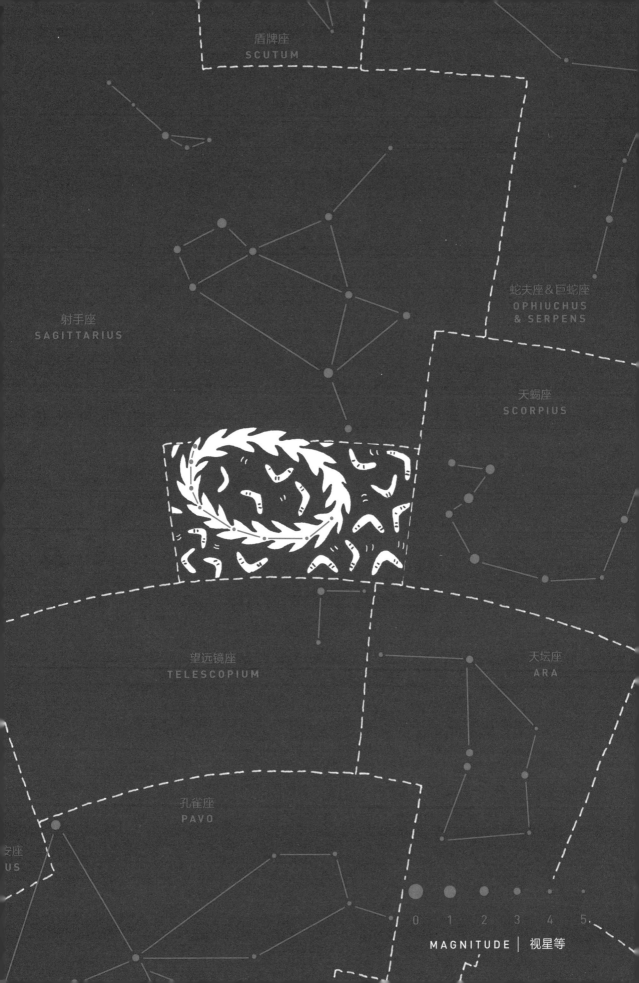

Corona Borealis

CrB/Coronae Borealis

The Northern Crown

北冕座

形　　象_	**北天冠冕**
缩写 l 拉丁名_	**CrB**
属格 l 拉丁名_	**Coronae Borealis**
体量等级_	73
星　群_	无

星星王冠的简易制作方法

把七个故事串起来，做成一顶亮闪闪的小花冠，再把它放到北天夜空的牧夫座与武仙座之间。要按照以下顺序把花冠粘到7颗星星上去：北冕座的约塔（ι）、伊普西龙（ε）、德尔塔（δ）、伽马（γ）、阿尔法（α）、贝塔（β）和西塔（θ）。你得使用强力胶（因为百特胶或者友好胶的黏性都不够），因此你最好在成年人的监护下完成这个步骤。记得把你手头最好的故事留给北冕座α：这颗蓝白色的星辰会是你的王冠上最闪亮的那颗宝石，它的名字叫作贯索四（Alphecca），这个名字在阿拉伯语中的含义是"散珠中最明亮的一颗"，它还有一个别名，叫杰玛（Gemma），这是拉丁语中"宝石"的意思。你可以为这顶花冠加上任何你喜欢的故事，不过下面我也列出了一些曾经用在这些星星上的传说。

1. 楚科奇传说中北极熊的爪子。

2. 凯尔·阿丽安萝德：银轮女神阿丽安萝德的城堡。这是一个威尔士神话：有一天，当女神丁恩的女儿阿丽安萝德跨过魔法杆时，她身上立刻"掉出"了一个金发男孩迪兰。他是一个海洋精灵，一落地就径直飞向了大海。此外还有一个稀奇古怪、不成形的肉块，她的兄弟圭迪翁偷偷把那肉块藏在自己床脚下的一口箱子里，肉块逐渐长成了一个男孩，并且长得比普通孩子要快两倍。到这孩子四岁的时候，舅舅圭迪翁带他来到了海边阿丽安萝德的城堡。在羞愤与嫌恶的驱使下，阿丽安萝德在儿子身上下了一道又一道诅咒，这孩子不得不和舅舅圭迪翁一起想办法解除它们。

3. 中东传说中乞丐的盘子。

4. 阿里阿德涅的花冠：一个忧伤的希腊传说。克里特国王**米诺斯**美丽的女儿阿里阿德涅爱上了英俊的忒休斯，这位英雄为了铲除**米诺陶诺斯**而从雅典来到此地。公主给了心上人一团金线，这样他就能逃出困着怪物的迷宫了。怪物被斩杀之后，他们结了婚，但是后来忒休斯在纳克索斯岛上抛弃了阿里阿德涅。酒神狄俄尼索斯发现了这位悲伤的美人，他第一眼就爱上了她，并决定立刻娶她为妻。他送了她一顶由火神**赫淮斯托斯**亲手打造的嵌满宝石的华冠作为礼物。

5. 吉鲁的靴子：一则来自科里亚克的西伯利亚传说。

6. 一则关于监牢的中国神话，包含这么几位星官：天上的贵族之牢是谓"天牢"；无尽的圈围谓之"连营"，执法的星官称为"天理"，最后也不能忘了"贯索"，据称它是天上的平民百姓之牢。

7. 婆罗洲传说中的一条鱼。

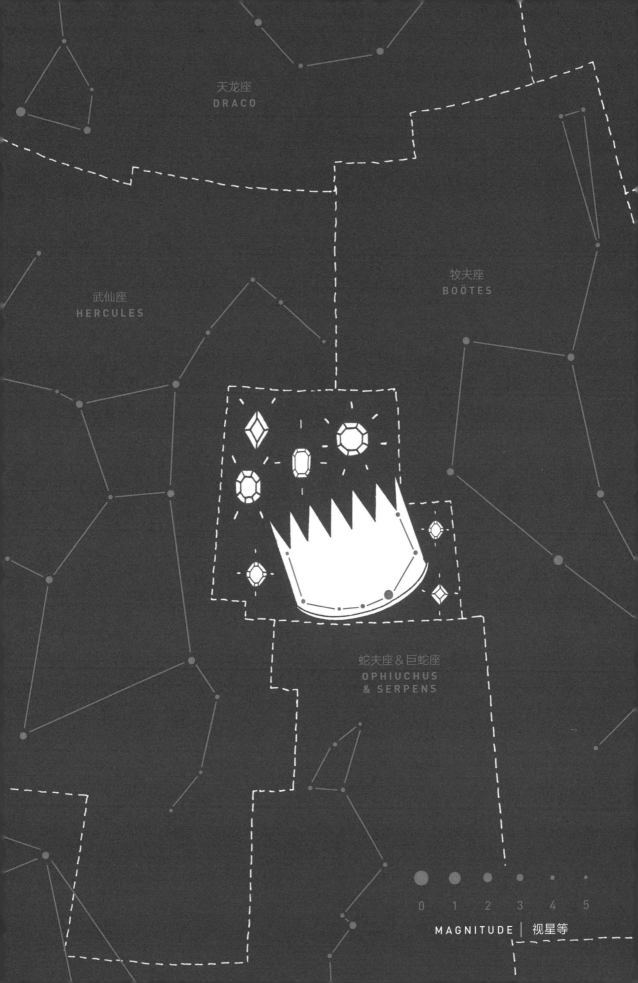

天龙座
DRACO

武仙座
HERCULES

牧夫座
BOÖTES

蛇夫座&巨蛇座
OPHIUCHUS
& SERPENS

0 1 2 3 4 5

MAGNITUDE | 视星等

Corvus

Crv/Corvi

The Crow

●　●

形　象_	**乌鸦**
缩写|拉丁名_	**Crv**
属格|拉丁名_	**Corvi**
体量等级_	**70**
星　群_	**船帆**

乌鸦座

人类啊，你们和我们其实没什么不一样。我们都聪明、好奇、具有破坏性；我们都会制造工具，喜欢运动和玩耍，还能够通过面孔辨认仇敌；我们都明白生活不是只有当下，所以我们去沟通、去谋划。我们的社会都错综复杂、阶层分明，散布着垃圾与疾病。你们和我们，都是其他所有生物憎恶的杂食动物。

然而，我等何曾用"谋杀者"[1]来形容你们的族群？我等的神话又何时玷污过你们的名声？在我等流传的故事中，你们何来狡诈、奸恶、愚蠢甚至更坏的形象，正如你们的传说加诸我等那般？你们认为我等的鸣叫刺耳难听，故而异想天开，编出故事来解释我们乌鸦如何丧失了歌唱的能力，却不知这在我等看来是多么滑稽可笑。你们的故事说，众神祇之一（你们到底为什么要创造那么多神祇，又无法在这方面达成一致？），你们以为的我族的主人**阿波罗**（你们真不知道这有多讽刺）派我用他的金杯去取生命之水。这个故事中，我自然还是那么愚蠢，并且因为愚蠢而受到了惩罚。这件事被你们人类永远记下了，就记在那空中被你们荒谬地划分开的星座里，那所谓的坐在长蛇座背上的乌鸦座和巨爵座里。

还是让我来告诉你们真实的故事吧。

很多很多年以前，那时的生活比现在要好得多，那时的土壤尚未被污染，大地上到处都是充足的食物；太阳整日都悬在空中，从来没有黑夜这回事。可是，有一天，乌鸦之父与乌鸦之母之间爆发了激烈的争吵。因为乌鸦之父不仅吃光了乌鸦之母骷髅碟子里的最后一条虫子，还拒绝为妻子梳理羽毛以及打扫窝巢。为了惩罚失职的丈夫，伟大的乌鸦之母用黑暗覆盖了整个世界，使得乌鸦们无法看见彼此，整个乌鸦界陷入了恐慌。父母不慎踩踏了幼子的脑袋或者情侣们双双撞树身亡的惨剧时有发生。悲伤与悔恨让乌鸦之父意识到了自己的错误，为了赎罪，他开始努力用喙一点点啄开笼罩在头上的黑暗，让光明照射进来。可惜，不论他多么努力，都只能从覆盖一切的漆黑中撕开一个小口而已。乌鸦之母终于心软了，她把太阳重新还给乌鸦们，然而只让它在空中停留半天的时间，用另一半黑暗的时间提醒丈夫们不要违背妻子的意愿。这才是你们人类拥有夜晚和星空的真实原因。

1. murder，直译为"谋杀"，也是英语中形容一群乌鸦的一个比较文雅的集合名词，如a murder of crows，这一表达诞生于15世纪，今日不是很常用。

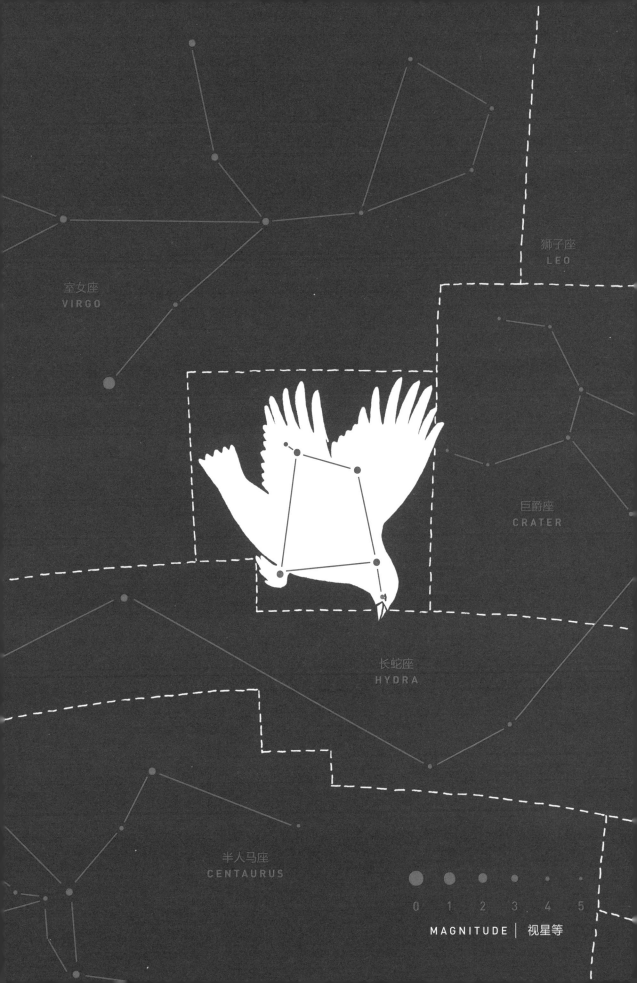

室女座
VIRGO

狮子座
LEO

巨爵座
CRATER

长蛇座
HYDRA

半人马座
CENTAURUS

MAGNITUDE | 视星等

0 1 2 3 4 5

Crater

Crt/Crateris

The Cup

巨爵座

形　　象_	酒杯
缩写 l 拉丁名_	**Crt**
属格 l 拉丁名_	**Crateris**
体量等级_	53
星　　群_	无

　　美酒与清水，清水与美酒。这只神圣的酒瓮是**托勒密**最初界定的四十八个星座之一，自从被标记以来，这个星座已有过无数化身：西班牙式的双耳细颈瓶、波斯式的葡萄酒杯，甚至是德国式的啤酒桶。不过，它最知名的形象还是双耳喷口罐（krater）——希腊人用这种有着华丽装饰的双耳罐来混合水和葡萄酒。这个酒瓮被记在一则颇具教育意义的神话故事里，在这个故事中，空中最大的星座里多头的长蛇**许德拉**也有一席之地。因为这条银河般硕长的水蛇背上驮着的正是**阿波罗**的神鸟乌鸦以及它拿去取生命之水的金杯——巨爵。

　　说到这个，博闻强识的读者应该能想起来，自从给太阳神带来情人**科洛尼斯**不忠的消息之后，这乌鸦就不怎么讨主人喜欢了。事实上，听说他儿子**阿斯克勒庇俄斯**的母亲背叛了他，而且是与一个凡人纠缠不清时，妒火中烧的阿波罗狠狠地诅咒了这只倒霉的鸟，把它一身雪白的羽毛变得漆黑。所以，您可能会想，咱们这位扑腾着翅膀的主角一向很机灵，在主人打发他用金杯去取水的时候，他肯定会好好表现的。

　　好吧，至少他刚动身的时候还是挺认真的。乌鸦抓着阿波罗的金杯，用力拍打着翅膀，在大地上搜寻着那珍贵的生命之泉。他当然知道主人打算用这神圣的泉水向脾气火暴的大神**宙斯**献祭，因此他回去得越快越好。他在天上还没有飞多久，一株无花果树便映入了他的眼帘。稍作休息总是可以的吧？他停在树枝上，瞧见树上结着丰硕诱人的果子，只是还没有完全熟透。"那就等一等吧，"乌鸦想，"等到这些果子的青皮都变紫了，我再动身去取圣水。"

　　可是到了终于可以大快朵颐的时候，乌鸦早就把差事忘干净了。直到打着饱嗝准备再次起飞的时候，乌鸦才惊恐地想起自己还有事要办，而他此时拖着吃撑的肚子，连起飞都有点困难。他以最快的速度赶到泉水边，取了满满一杯生命之水，又拼了命地把它带回主人那里。乌鸦辩解说，他回来晚了是因为一条水蛇堵住了泉眼。而阿波罗对这个说法一点也不买账。他再次诅咒了这个懒惰的仆人，把他扔到星空中许德拉的背上，又把金杯放在他刚好够不着的地方，让他永远为求而不得的焦渴所苦。

室女座
VIRGO

狮子座
LEO

六分仪座
SEXTANS

乌鸦座
CORVUS

长蛇座
HYDRA

唧筒座
ANTLIA

半人马座
CENTAURUS

0 1 2 3 4 5

MAGNITUDE | 视星等

Crux

Cru/Crucis

The (Southern) Cross

南十字座

形　　象_	（南天）十字架
缩写 I 拉丁名_	**Cru**
属格 I 拉丁名_	**Crucis**
体量等级_	88
星　群_	无

一则藏头纵横字谜

横向

1.新西兰的毛利人称这个星座为"帝·彭加（Te Punga）"——"银河中的锚"。

2.澳大利亚的爱国者们自称是这个星座的儿女[1]。

3.在地球岁差的影响下，这个基督教的标志如今在北半球已经不可见了，而在基督时代的耶路撒冷也仅是依稀可见。

4.民谣摇滚乐队CSN的主唱克罗斯比、斯蒂芬与纳什在他们1982年的经典歌曲《南十字》中找到了心碎之人的旋律。

5."哦，南十字星之下，"帕蒂·史密斯唱道，"众神迷失在南十字星之下。"[2]

6.南十字座下站着自豪的澳大利亚国家板球队，他们唱着那首胜利之歌：《我站在南十字之下》[3]。

7.汤加人称这个星座为"托洛阿（Toloa）"——一只拖着被人用石块砸伤了的翅膀向南飞行的鸭子。

8.从殖民时代开始，这个星座就作为纹章出现在部分南半球国家的旗帜上，比如巴西、萨摩亚、新西兰和巴布亚新几内亚。

9.11世纪的阿拉伯天文学家阿尔–比鲁尼记录过一个在印度部分地区可见的南天星座，它的名字是："苏拉（Sula）"，意为"十字架之梁"。

10.博茨瓦纳的班图人认为那是两只合称为"Dithutlwa"的长颈鹿，十字架二和十字架三代表公鹿，十字架一与十字架四组成母鹿。

11.这个星座为出航南半球的水手提供了很大的帮助：它指向南天极。

纵向

1.这个星座中包含所谓的"煤袋星云"，那是一个距地球400光年的暗星云。澳大利亚的土著认为那是一只邪恶的大鸸鹋的脑袋。

2.托勒密和古希腊人把这个星座归为半人马座的一部分。

3.在1515年一次由美第奇家族资助的印度洋航行中，安德雷·科萨里[4]成为第一个把"这个美妙绝伦的十字"记录下来的欧洲人。

4.《神曲》中，但丁和贝雅特丽齐在炼狱看见过这个星座。在但丁看来，它的四颗星代表的是智、义、勇、节四枢德。

5.这个星座是全天八十八个星座中最小的。

1. 澳大利亚国旗上的星星代表的是太平洋上空的南十字座。
2. 指美国摇滚歌手、诗人帕蒂·史密斯（Patti Smith）的歌曲 "Beneath the Southern Cross"。
3. 这支歌曲的原名是 "Under the Southern Cross I stand"。
4. Andrea Corsali（1487—? ），意大利探险家。

长蛇座
HYDRA

半人马座
CENTAURUS

船帆座
VELA

座
US

圆规座
CIRCINUS

角座
TRALE

苍蝇座
MUSCA

船底座
CARINA

变色龙座
CHAMAELEON

天燕座
APUS

飞鱼座
VOLANS

八分仪座
OCTANS

0　1　2　3　4　5

MAGNITUDE ｜ 视星等

Cygnus

Cyg/Cygni

The Swan

●● ●

天鹅座

形　　象_	天鹅
缩写 l 拉丁名_	Cyg
属格 l 拉丁名_	Cygni
体量等级_	63
星　　群_	（北）十字星，夏季大三角

　　它们漂浮在水面上，河口的轮廓在冬日的冷光下显得格外明晰锐利，远处光裸的树木与原野让这本就空旷的画面看起来越发宽广。这是我第一次看到一整群天鹅。

　　我总是忍不住猜想，到底是哪一只远古的天鹅拍打着洁白的双翼离开了栖身的水面，永远留在群星之间：那只身披光明、永远在银河中飞翔的天鹅，它伸展的双翼、长颈与尾羽被钉在北十字星[1]上。

　　我想到可怜的**丽达**，不由得打了个寒战。铁石心肠的**宙斯**，他以天鹅的姿态侵犯了她，那恐怖该是何等的尖锐：拍击的巨大双翼、尖利的喙，还有痛楚。

　　我曾经认为叶芝对此事的描写最好：

> 她受惊的、意念模糊的手指怎能
> 从她松开的大腿中间推开毛茸茸的光荣？
> 躺在洁白的灯芯草丛，她的身体怎能
> 不感觉卧倒处那奇特的心的跳动？
>
> 腰肢猛一颤动，于是那里就产生
> 残破的墙垣、燃烧的屋顶和塔颠，
> 阿伽门农死去。[2]

　　但我现在不这么想了。这些一味把强奸写得很美的男人。

　　那只天鹅可能是**库克诺斯**——海神**尼普顿**壮硕的儿子，他具有非人的怪力，甚至连英雄阿喀琉斯掷出的投枪都能挡住。特德·休斯[3]对特洛伊战争中的这一场恶斗有过精彩的描写：这位超自然的英豪那坚不可摧的颈项上青筋暴

起，他奋力抵抗，直至阿喀琉斯彻底陷入狂暴的蛮力，将他击倒。可是，当得胜的阿喀琉斯从对手尸体上解下那套华丽的盔甲时，发现甲胄之中居然空空如也：尼普顿把爱子变成了一只天鹅。

　　但我又希望那只天鹅是另外一个库克诺斯——法厄同那位心碎的挚友——天上的星辰还纪念着他对友人哀切的悼念。年少鲁莽的法厄同从太阳神燃烧的战车上跌落，殒命于厄里达诺斯（波江座）河底。库克诺斯——法厄同最年长也最亲密的朋友——在无助和惊恐中目睹了这一幕。他能做的只有在河边悼念故友，他不断地哀泣，脚趾被河水浸得冰凉，头发也在悲泣中变得雪白。这番举动最终令众神动了恻隐之心，他们将库克诺斯的白发分散成柔软的羽毛，使其口鼻前伸，变为宽扁的喙，脖子变得修长，双眼收缩为漆黑的亮点，身体得以自如地乘着波涛滑行：他变成了一只天鹅。化身为天鹅的库克诺斯潜入河底，在淤泥中找回了挚友的尸骸，并将他安葬在圣地。

　　那群天鹅快要游出我的视线了。一截浮木在水面漂荡，随即被河水吞噬，天鹅群不为所动，径自乘着波浪顺流而下。

---

1. 天鹅座的别称。
2. 叶芝的《丽达与天鹅》（1928），傅浩译。
3. Ted Hughes，英国当代诗人。

仙王座
CEPHEUS

天龙座
DRACO

ERTA

天琴座
LYRA

狐狸座
VULPECULA

马座
ASUS

0 1 2 3 4 5

MAGNITUDE ｜ 视星等

Delphinus

Del/Delphini

The Dolphin

海豚座

形　　象_	**海豚**
缩写 l 拉丁名_	**Del**
属格 l 拉丁名_	**Delphini**
体量等级_	69
星　群_	约伯之棺

　　我第一次看到海豚是在早间档的电视节目里，当年的小海豚飞宝用它那顽皮的笑脸和可爱的叫声俘虏了无数孩子的心。直到最近我才失望地发现，那啾啾的声音居然只是用笑翠鸟的叫声合成的。我们当然知道海豚很聪明，但是飞宝的智力似乎更胜一筹，它不但能够拯救遇险者的生命，还能用它那啾啾的叫声和剧中那几个淡黄色头发的人类小主人公聊天。不过，我们这位拟人化的好朋友身上仍保留着古老的传统，海豚自古以来就是深受人们喜爱的生物，它们像狗儿一样忠诚，是海洋中人类最好的伙伴。

　　在古希腊水手们看来，这种神圣的"大鱼"是**波塞冬**的仆人，它们跟随着船只在海浪中跳跃，就像追着皮球玩耍的小狗。与泰坦巨人恶战之后，**宙斯**、波塞冬与**哈迪斯**三兄弟把父亲**克洛诺斯**赶下王位，均分了他所掌管的世界。波塞冬成为海洋之神，在海底建起了宏伟的王宫。可是，他有了富丽堂皇的居所，以及用上好珊瑚雕成的大床（甚至有用最软的海草做成的枕头），却没有一位枕边人相伴，不免有些孤寂。为了寻找一位新娘，波塞冬在海中四处游荡，终于遇到了美丽的海洋女仙安菲特里忒。她的秀发随着水流飘舞，眼中倒映着海底折射的日光，这幅景象彻底迷住了波塞冬。他日复一日地打发使者去见安菲特里忒，给她送去各种示爱的信物——一方珊瑚手绢、一捧闪着磷光的花束、一颗海中最珍稀的蚌贝产出的无瑕珍珠。可是，这些珍奇的礼物只是惹得安菲特里忒和她的**涅瑞伊得斯**女伴们咯咯发笑，使者每一次都无功而返。直到波塞冬把海豚派遣到佳人身边，安菲特里忒才接受了他的追求。为了感谢这位忠诚的仆人为自己追求到美丽的新娘，波塞冬把海豚送入群星，让它在天上的海洋中跳跃嬉戏。

　　如今人间的海洋深处还留着安菲特里忒的倩影。如果你从大开曼岛[1]附近的日落礁潜水55英尺，就能看到一尊9英尺高、600磅重的美人鱼青铜雕像立在海底，她的双眼正凝视着水面的粼粼波光。

1. 加勒比海开曼群岛中最大的岛，位于牙买加西北约290公里处。

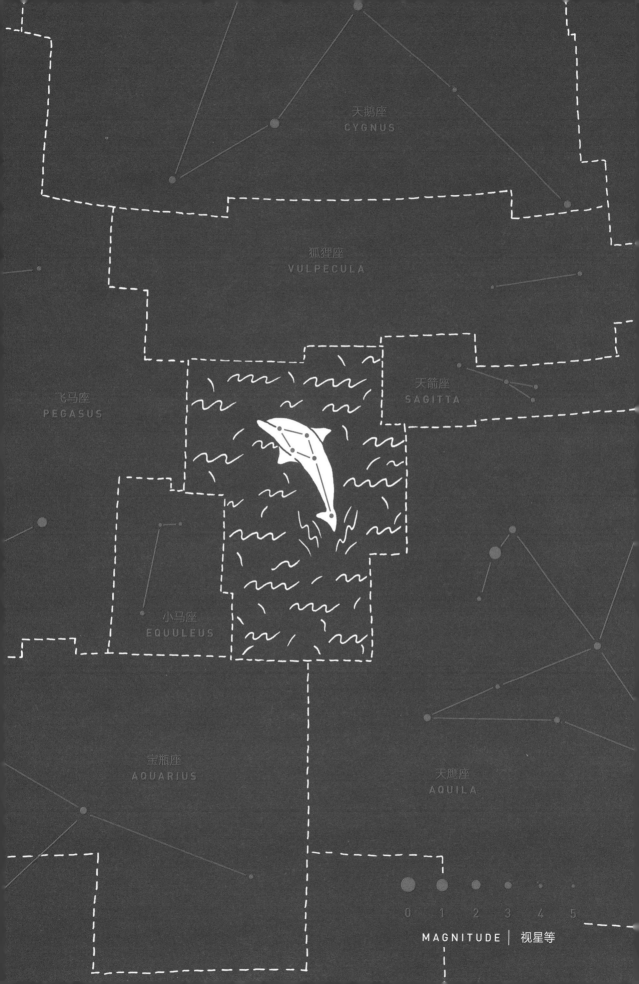

天鹅座
CYGNUS

狐狸座
VULPECULA

天箭座
SAGITTA

飞马座
PEGASUS

小马座
EQUULEUS

宝瓶座
AQUARIUS

天鹰座
AQUILA

0　1　2　3　4　5

MAGNITUDE　│　视星等

Dorado

Dor/Doradus

The Goldfish

● ● ●

剑鱼座

形　　象_	**金鱼**
缩写|拉丁名_	**Dor**
属格|拉丁名_	**Doradus**
体量等级_	72
星　　群_	无

　　星空中的金鱼[1]可不是你从游乐场赢回来的那种记忆短暂、只会在鱼缸里打转儿的小宠物，而是夏威夷语中的"Mahi-Mahi"——一条鳍类的鲯鳅。这种"剑鱼（Dorado）"[2]在海里游弋时，身上闪耀着明亮的金色、蓝色与绿色的光，可一旦它被渔人捕获，躺在渔船腥臭的甲板上，它身上那炫目的色彩就会迅速随着生命的流逝而褪去，最终变成毫无生气的灰黄。欧洲航海家最先在印度洋、大西洋与太平洋的热带及亚热带海域发现了它们奇异的身影，这种洄游鱼类就像航行于各大洋的欧洲探险家一样，踪迹遍布加勒比海、哥斯达黎加、非洲、墨西哥、中国等地的诸多海域。

　　发现剑鱼的探险家们把这个星座放在了南天的群星里。肉眼观察下的剑鱼座显得相对暗淡，不够分明。但是，正如同样由凯泽与德·豪特曼命名的巨嘴鸟座包含着望远镜才能观测到的玄机一样，这个低调星座之中也藏有许多深空奇景。其中最著名的就是大麦哲伦星系（与之对应的小麦哲伦星系在巨嘴鸟座）。直径20000光年、足有月球20倍大的大麦哲伦星系（简称LMC）是银河中最大的伴星系。即使不借助任何天文工具，你也能轻易地在夜空中观察到它那淡淡的云雾。然而，哪怕只是用普通的双筒望远镜放大观测，你就能看到它变成了一片宽广而耀眼的星带。若借助高倍望远镜，这个富含气体与尘埃的星系便会向你展露大片的星云与星团。

　　这条奇异金鱼的领地深处还藏着名字有些吓人的蜘蛛星云。这个恒星形成区吹出的细长卷须状气体，就像蜘蛛的长腿，可"长腿"间相距1000光年，所以你家的壁脚板后面是藏不下这只大蜘蛛了。这只星体蜘蛛的躯干是一片由100万到200万岁不等的蓝星组成的密集而庞大的星团，它不断放射出紫外线，就像地球上的蜘蛛向猎物喷射毒液一样。这片星云的正中心是由紧密的星团包裹着的R136a1：它比太阳明亮近1000万倍，比太阳重265倍，是人类已知范围内最大的恒星。

1. 剑鱼座的形象一度被认为是金鱼。有趣的是，在徐光启根据西方星表加入的近南极星区的二十三星官中，与剑鱼座对应的星官同样是"金鱼"。
2. 剑鱼座的名字"Dorado"来源于葡萄牙语的"鲯鳅"，意为"金色的"。

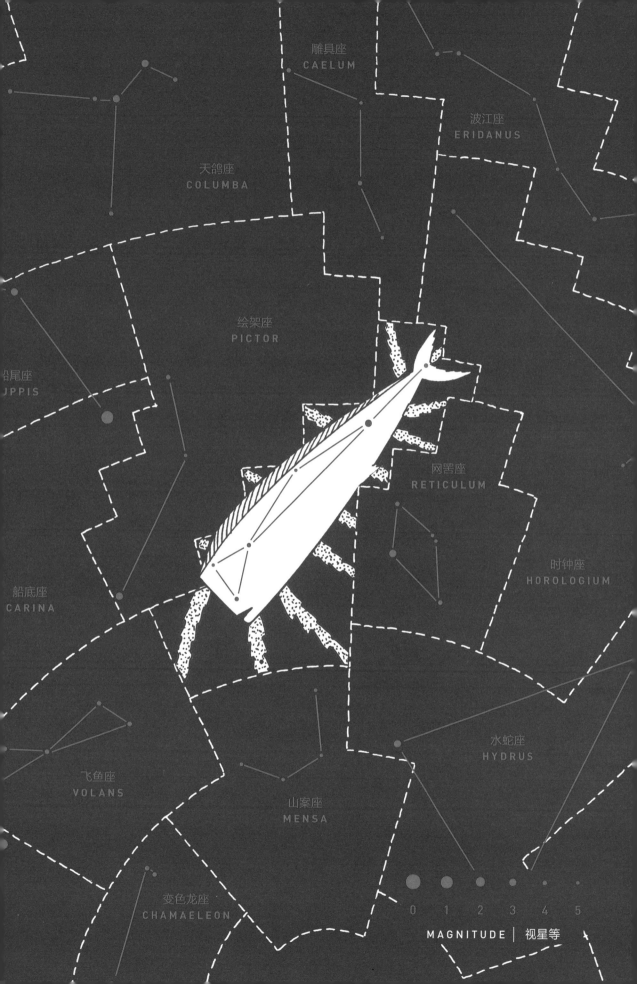

雕具座
CAELUM

波江座
ERIDANUS

天鸽座
COLUMBA

绘架座
PICTOR

网罟座
RETICULUM

谷尾座
UPPIS

时钟座
HOROLOGIUM

船底座
CARINA

水蛇座
HYDRUS

飞鱼座
VOLANS

山案座
MENSA

变色龙座
CHAMAELEON

MAGNITUDE | 视星等

0 1 2 3 4 5

Draco

Dra/Draconis

The Dragon

天龙座

形　象_	**巨龙**
缩写I拉丁名_	**Dra**
属格I拉丁名_	**Draconis**
体量等级_	**8**
星　群_	**头部，菱形**

　　阴暗而迟缓，怒意在我心中涌起，从清晨醒来那一刻便是如此。幽暗巢穴的岩壁磨蹭着我的鳞片，晨光令我的尾尖抽搐、颤抖。这怒意像黏稠的沥青一般黏着我的内脏，如同吸入纯粹的哀伤，而后吐出哀愁发酵后的蒸气。

　　我不知如何在光明下生存，不知如何与那些脚步轻快、心灵欢畅的人共处。这股愁怨早已在漫长的岁月中凝结成了狂怒。我曾无数次地试着用酷烈的火焰来排解那种狂怒，我的烈焰原本蕴含的是绝望，然而千万年的时光过去，这绝望竟也变得与暴怒毫无二致。

　　我诞生于海洋与天空分离之前，孕育我的是混沌未明的混乱与虚无。我还记得深藏在我骨髓之中的虚空，还记得自己如何将它的恐怖散播于人们心中。我盘曲的身体上每一处干燥的裂痕都是这空虚的烙印，我藏身的洞府中充斥着无尽的荒芜。

　　光明诞生了，于是那些敏锐的搜寻者、邪恶的猎人、善良的人类发现了我的存在。从混沌深渊中诞生的众神也向我挑战，即便是他们，也畏惧我的力量。人类叫我提亚玛特、混沌巨蛇、阿茨迪亚[1]、邪恶之蛇，好像给所惧之物命名就能够让它们消失一样。

　　他们也的确暂时性地打败过我几次。很久以前，巴比伦的马杜克拎了一口装满诡计的袋子来找我——袋中是他们的天堂能够聚集起的全部善意——然后把我驱逐到星空之中。**赫拉克勒斯**称我为"**拉冬**"，并曾经用箭将我射杀。**雅典娜**抓着我的尾巴，旋转着将我投出，以致我在星空中只能以盘曲的姿态示人。我曾被冻结在北极星上动弹不得，而你们的天文学家泰勒斯[2]夺走了我的翅膀，把它们送给了小熊座。

　　我的愤怒将永不平息，它永远蛰伏在混沌之海与你们的心灵深处，因为那庞大而幽暗的空无正是万物的核心，而我的苦痛会将它的愤怒散播到各处。今日的你们以黑犬[3]象征心灵的苦闷，但你们远古的先祖知道那是我这条巨龙。

1. Azhdeha，波斯语的"龙"或"蛇"。
2. 米利都的泰勒斯，古希腊哲学家、天文学家及数学家，"古希腊七贤"之一。
3. black dog，英语口语中指代"情绪低沉""苦闷""忧郁""沮丧""不开心"，等等。

大熊座
URSA MAJOR

鹿豹座
CAMELOPARDALIS

小熊座
URSA MINOR

猎犬座
CANES
VENATICI

牧夫座
BOÖTES

仙王座
CEPHEUS

武仙座
HERCULES

天鹅座
CYGNUS

MAGNITUDE | 视星等

0 1 2 3 4 5

天琴座
LYRA

Equuleus

Equ/Equulei

The Little Horse

小马座

形　　象_	小马
缩写 I 拉丁名_	**Equ**
属格 I 拉丁名_	**Equulei**
体量等级_	87
星　　群_	无

　　紧紧跟随着背生双翼的飞马的，是一只海豚和一匹小马：海豚座与小马座。不过，我们只能看到小马座的头。小马座是夜空中第二小的星座，一般来说，人们都认为那匹隐隐发光的小马是克勒利斯，天马珀伽索斯的后代，神使**赫尔墨斯**把它送给了双子座的孪生兄弟之一。有人说赫尔墨斯把它送给了擅长驯马的**卡斯托尔**，另有人说是送给了拳击手**波吕丢刻斯**。可是，不管哪种说法，它们都是错的。因其在飞马座前升起，小马座又被称为"第一匹马（Equus primus）"，它的真实身份是希波，那个四处躲藏的女儿。

　　希波的父亲是**喀戎**，那位智慧和爱心并存、教养了**阿斯克勒庇俄斯**与**阿喀琉斯**、解救了**普罗米修斯**的半人马，他就在星空中的**半人马座**里。希波十分敬爱自己的父亲，而他有时对她十分严格。她是一个刻苦的学生，总是认真地记住父亲教导的每一个单词、数字与音符。希波比绝大多数女孩博学，却总是认为父亲更想要一个儿子，而不是女儿。有一天，喀戎带着一个学生出去学习狩猎，希波当然没能获允随行，她只好独自一人去散步。虽然天气阴冷、寒风渐起，但她还是决定继续这场小小的冒险。她裹着厚实的羊毛披风，走上了山丘。

　　可能是她先看见埃俄罗斯的。也许她是主动与他私奔的，也许不是——神话传说似乎永远不会在意这样的细节——总之，这场邂逅很快让她怀了孕。希波既羞愧又恐惧，因为担心被父亲找到，她躲藏在深山之中，向众神祈求帮助。**阿尔忒弥斯**动了恻隐之心，她把这个可怜的女孩变成了一匹母马。在她生下小马驹墨拉尼佩不久，**波塞冬**为帮助友人埃俄罗斯，就把这匹漆黑的小马驹变回了小女孩，并送到她父亲埃俄罗斯身边。

　　而阿尔忒弥斯则为希波在星空中找到了藏身之地。她至今仍躲藏在天马珀伽索斯身后，只悄悄伸出脑袋来窥探。

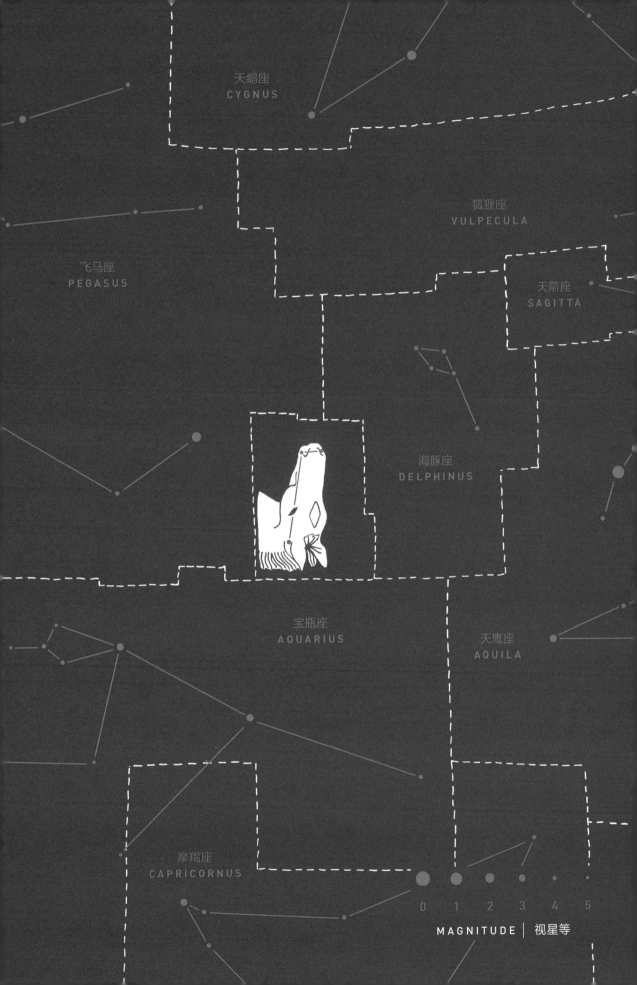

天鹅座
CYGNUS

狐狸座
VULPECULA

飞马座
PEGASUS

天箭座
SAGITTA

海豚座
DELPHINUS

宝瓶座
AQUARIUS

天鹰座
AQUILA

摩羯座
CAPRICORNUS

0 1 2 3 4 5

MAGNITUDE | 视星等

Eridanus

Eri/Eridani

The River

波江座

形　　象_	**长河**
缩写 I 拉丁名_	**Eri**
属格 I 拉丁名_	**Eridani**
体量等级_	6
星　　群_	无

在整个童年时代，**法厄同**总是梦见自己驾着父亲燃烧的战车穿行天际。他和母亲克吕墨涅相依为命，住在小镇边上的一座破败的小屋里。其他男孩都知道他的母亲是一位海洋女神，却不相信他的生父真的是伟大的太阳神**赫利俄斯**。法厄同卧室的墙壁上贴满了太阳战车的图画：为了描绘它在空中穿行的轨迹，他不知用光了多少盒黄色蜡笔。每当黎明到来，他就一把掀开印着**赫拉克勒斯**（武仙座）图案的床单，跳下小床，跑到窗边，看一看父亲那照亮世界的灿烂微笑。等到他终于熬过了学校的最后一门考试，母亲克吕墨涅强忍着眼泪，为他换上一双新靴子，送他出门闯荡。法厄同径直踏上了前往闪耀着金光的太阳神宫殿的漫长旅程。

"我的孩子，你到这里来做什么？"耀眼的赫利俄斯对终于走到他面前的法厄同问道。

"父亲——"少年的回答略显羞涩，"因为没有人相信我是您的儿子。我想，如果您能让我驾驶您的太阳战车的话——只要一天就好——昆图斯、佛拉维，还有**库克诺斯**那几个傻瓜，就会相信我了。"

赫利俄斯心情沉重地同意了。他看着法厄同牵起鼻孔喷火的烈焰骏马身上的黄金缰绳，心中深知儿子根本不可能驾驭它们。

他几乎不忍心看下去。法厄同驾着车在星座之间来回冲撞：那燃烧的战车先是擦着大熊和小熊而过，点燃了它们身上的皮毛。马蹄子踢起的一团火球又刚好掉在天龙座的尾巴尖上，这条在洞穴里打盹、蛰伏了几百年的恶龙瞬间陷入了可怕的火海。看着天蝎座近在眼前的毒针，可怜的法厄同终于丧失了勇气，他再也握不住手中的缰绳，导致烈马与战车彻底失去了控制。

战车从低空掠过，把利比亚变成了沙漠，烧黑了埃塞俄比亚人的肌肤，烤干了海洋与湖泊，让大地母亲**盖亚**在伤痛中哀号不已，直到全知全能的**宙斯**不得不插手此事。他向战车掷出了一记最强的闪电，把它打了个粉碎，又把受惊的烈马扔进了大海。

法厄同燃烧的头发在夜空中划出了一道火焰的痕迹，他径直坠入了厄里达诺斯河（波江座），葬身于波涛之中。

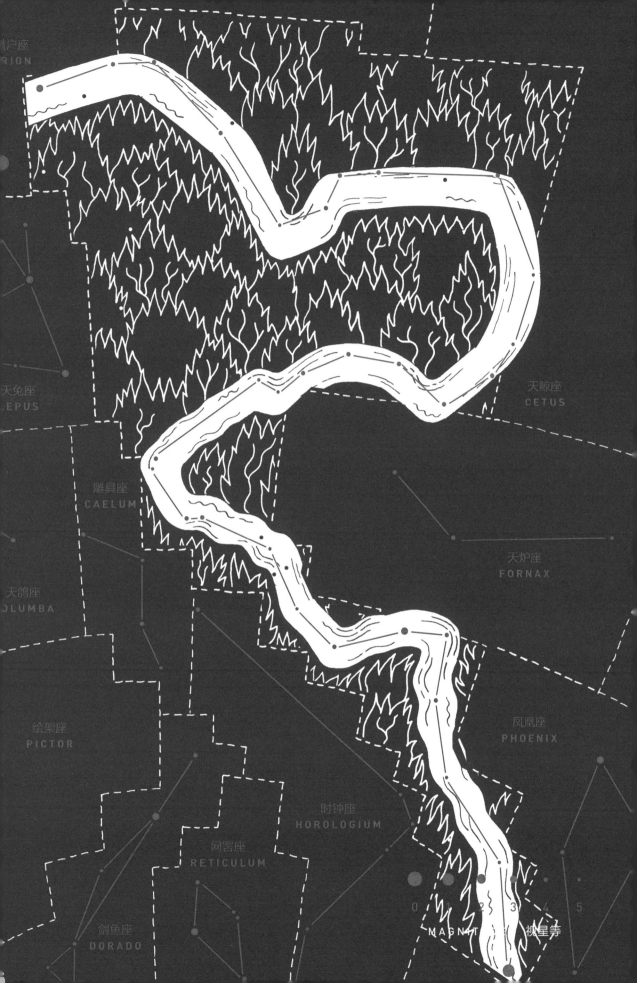

Fornax

For/Fornacis

The Furnace

天炉座

形　　象_	锅炉
缩写 l 拉丁名_	For
属格 l 拉丁名_	Fornacis
体量等级_	41
星　　群_	无

天文学家**约翰·波得**[1]在他的1801年星图（Uranographia）中对这个星座进行了小小的改造。为了纪念法国化学家**安托万·拉瓦锡**，他把星空中的那只火炉改成了拉瓦锡一项开创性实验所用的仪器：将水分解成氢与氧的水分解器。

可是，天炉座在星图上获得一席之地的时候，安托万·拉瓦锡只有十三岁。在尼古拉·路易·德·拉卡伊（我们不妨直接将他简称为**拉卡伊**）乘船前往南非，在图表上记录南天星座的那几年里，拉瓦锡还是个就读于巴黎马萨林学院的瘦高个儿学生。那时的他还没有跟着可敬的拉卡伊上哲学课，也还没有在这位天文学家的引导下领会气象观测的奇妙，更没有像日后一样，成为"现代化学之父"。

所以，当青年拉瓦锡紧张地盯着镜子中嘴唇上那一点新生的绒毛或者街上某位迷人的年轻女士的时候，拉卡伊正坐在他位于桌湾[2]的天文台里，思索着要用哪一件科学发明为他新发现的星座冠名。

为世界带来革命性改变的发明有那么多，他到底要选哪一样呢？别忘了，那可是1751年，正是启蒙运动开展得轰轰烈烈的时候。（当然，也有可能是1752年，毕竟我们无从知道南非夜空下的拉卡伊具体是在什么时候发现那个星座的。）

啊哈！他想出来了。不是说"轰轰烈烈"吗？他为何不把那个星座描绘为一只化学家用的火炉呢？星点的连接刚好展现出蒸馏的过程：他要画一只正在火上加热的长颈瓶，还有在另一端收集残余物的容器。

从好望角回到法国之后，拉卡伊把这个星座画在1756年出版的星图（Planisphere）上，并用法语标上了"le Forneau"（火炉）。当这份星图在1763年发行第二版时，拉卡伊按照天文学的惯例，用拉丁文给这个星座命名，将它改写作"Fornax Chimiae"——"化学的火炉"。

然而，三十八年后，法国的革命分子对科学发现完全没有这样的兴趣。1794年，早已长大成人的拉瓦锡——他协助制定新度量衡系统，发表了第一个化学元素表，正式命名了氢元素和氧元素——被指控涉及烟草造假，上了断头台。

"La République n'a pas besoin de savants ni de chimistes！（共和国既不需要科学家，也不需要化学家！）"[3]他们如此宣判道，然后砍下了他的头。

---

1. 约翰·波得（Johann Elert Bode，1747—1826），德国天文学家，提出了提丢斯-波得定则，计算出了天王星的轨道，并为天王星命名，还发现了M81星系。1785年至1825年间任柏林天文台台长。
2. Table Bay，位于南非西南部。
3. 此言论据称来自宣判拉瓦锡一案的法官考费那尔（Jean-Baptiste Coffinhal），不过，其真实性本身存疑。

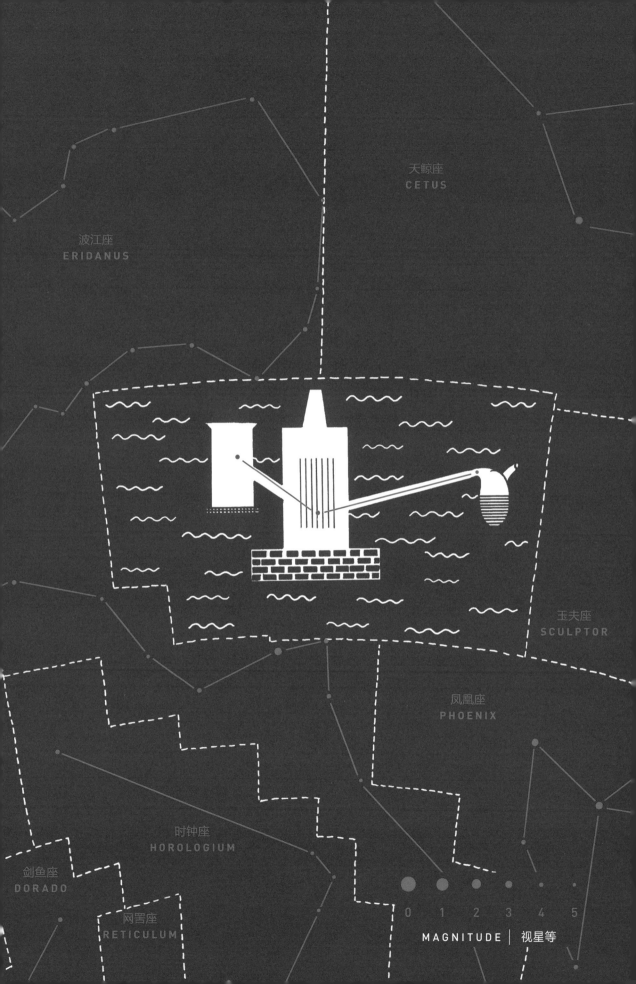

天鲸座
CETUS

波江座
ERIDANUS

玉夫座
SCULPTOR

凤凰座
PHOENIX

时钟座
HOROLOGIUM

剑鱼座
DORADO

网罟座
RETICULUM

0 1 2 3 4 5

MAGNITUDE | 视星等

Gemini

Gem/Geminorum

The Twins

双子座

形　　象_	双胞胎
缩写 l 拉丁名_	Gem
属格 l 拉丁名_	Geminorum
体量等级_	30
星　　群_	天空之G、冬季八边形、冬季大椭圆

　　同一个子宫孕育的两个孩子，有时是由同一个卵细胞分裂而成的，有时是由两个卵细胞分别发育而成的：双胞胎是一种神奇的存在。他们的二元性让他们成为相似性与差异性的象征，代表着统一与分裂。他们保持同步的能力往往比我们更强——他们很可能共有某些神秘的力量、某种只有他们才懂的语言和第六感——可是，他们一旦彼此分离，就会显得格外脆弱。千百年以来，人们对于双胞胎一直充满着好奇与迷恋，总是既惊叹又敬畏。纳粹曾经在集中营里对他们进行过肮脏的人体实验。而在尼日利亚的伊博–奥拉小镇，妇女生育双胞胎的概率是世界上其他地方的四倍，那里的人把双胞胎看作上帝的恩赐。

　　在世界上的许多地方，人们都把双子座最亮的两颗星星视作双胞胎。在毛利人的传说里，他们是波拉波拉的两个儿子。这两个孩子十分友爱，在自己的小天地里亲密无间、形影不离，从来不和其他孩子一起玩耍，使得他们的双亲都担心起来。就像所有忧心忡忡的父母一样，这对夫妻最终也在好心之下做了错事。孩子们偷听到了父母准备让他们分开的打算，就在半夜里悄悄从床上溜了出去。他们偷了父亲的船，开着它驶向了黑暗中的大海。他们的母亲在母性本能的驱使下从梦中惊醒，却只看到孩子们空空的床铺。她冲向海边，远远地看见两个孩子驾船行驶在微弱的月光下，于是跳进邻家的船，开始追逐。这位母亲从一座岛屿追到另一座岛屿，最终追到了塔希提岛的一座高山上。可是，就在她伸手要去拉住孩子们的时候，他们从山顶上跳向了浩瀚的夜空，变成了两颗星星。

　　在古希腊人眼里，这一对星辰是**卡斯托尔与波吕丢刻斯**——斯巴达王后**丽达**生育的两对双胞胎之一。从生物学和神话的角度上看，他们的故事在所有双胞胎传说中是最为奇妙的。丽达被化身天鹅的**宙斯**侵犯而怀孕后——这个凄惨的故事记录在天鹅座的群星之中——她挣扎着回到了丈夫**廷达瑞俄斯**身边，尽管浑身上下伤痕累累，她还是满足了丈夫的欲望。几个月过后，有些人说丽达生下了一颗蛋，另外一些人说她实际上生了两颗，从蛋里孵出来的不仅仅是卡斯托尔和**波吕丢刻斯**——曾经追随**伊阿宋**和阿尔戈英雄们一同寻找金羊毛的拳击手与骑手——还有两位被人唾弃、饱受谴责的女儿：海伦与克吕泰墨斯特拉。

　　而古代中国人给这两颗星星起的名字可能说明了一切，它们被称作"阴"和"阳"。

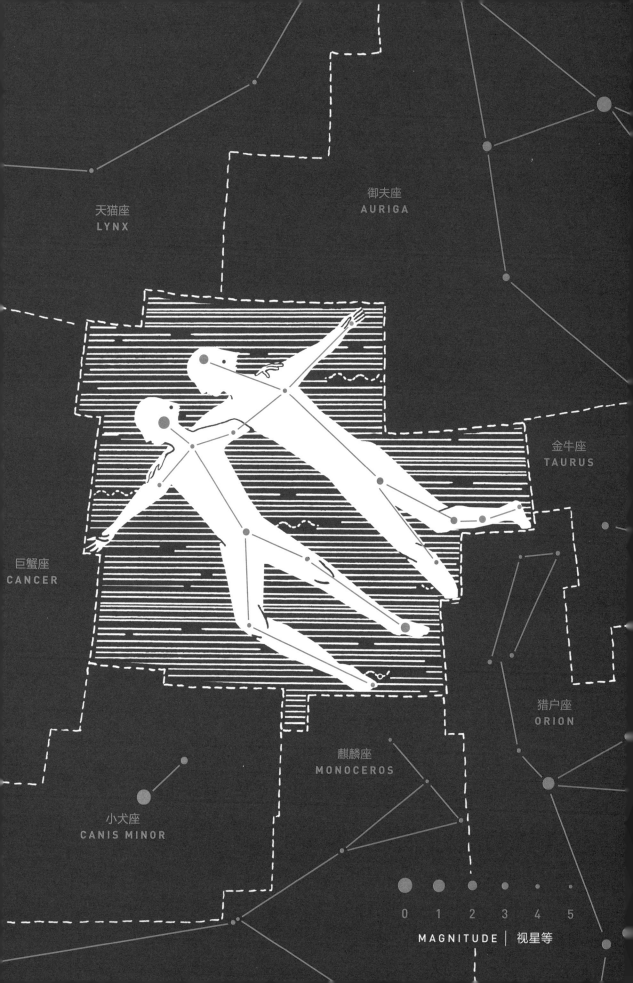

天猫座
LYNX

御夫座
AURIGA

金牛座
TAURUS

巨蟹座
CANCER

猎户座
ORION

麒麟座
MONOCEROS

小犬座
CANIS MINOR

0 1 2 3 4 5

MAGNITUDE | 视星等

Grus

Gru/Gruis

The Crane

天鹤座

形　　象_	仙鹤
缩写 l 拉丁名_	Gru
属格 l 拉丁名_	Gruis
体量等级_	45
星　　群_	无

佐佐木祯子被人类从未见证过的力量推出窗外时年仅两岁。她于1943年出生在广岛，是一家理发店店长的长女。父亲在她还是个婴儿的时候就被强征入伍了。当那枚原子弹在距离她家还不到一英里的地方爆炸的时候，她的母亲几乎确信摔到街上的孩子活不成了。然而祯子并没有受伤，母亲找到了她，带着她穿过黑雨，寻找安全的地方。

十年过后，祯子成了立织町小学的一个普通女生，还是学校运动会上跑得最快的选手。但是，这一年她突然发现自己脖子上长了一个奇怪的肿块。不仅这个肿块总是不消退，她的腿上也逐渐长出了紫色的斑点——祯子被确诊为白血病，余下的生命还不到一年。

根据日本古老的传说，折满一千只纸鹤的人可以实现一个愿望。于是祯子开始用彩纸不断地折纸鹤，把折好的几百只纸鹤穿起来挂在病床上方。彩纸用完了，她就用药盒的包装纸继续折。可是，即便她折够了一千只纸鹤，那个愿望也没有实现：祯子死于1955年10月25日。

在天文学家约翰·拜耳描绘这个1596年由德·豪特曼与凯泽发现的星座时，他脑中所想的当然不可能是祯子的故事，但是他确实选择了鹤的形象——而不是德·豪特曼认为的苍鹭；也不是皮特鲁斯·普兰修斯和范·登·克雷选择的火烈鸟；更不是西太平洋马绍尔群岛人们眼中的鱼竿。或许彼时浮现在他脑海中的是圣经《耶利米书》第八章里的天堂鹳鸟，毕竟它们与鹤还有点关联：

> 6我留心听，听见他们说不正直的话。无人悔改恶行，说，我作的是什么呢？他们各人转奔己路，如马直闯战场。7空中的鹳鸟知道来去的定期。斑鸠、燕子与白鹤也守候当来的时令。我的百姓却不知道耶和华的法则……他们轻轻忽忽地医治我百姓的损伤，说，平安了，平安了。其实没有平安。12他们行可憎的事，知道惭愧吗？不然，他们毫不惭愧，也不知羞耻……

宝瓶座
AQUARIUS

摩羯座
CAPRICORNUS

玉夫座
SCULPTOR

南鱼座
PISCIS AUSTRINUS

显微镜座
MICROSCOPIUM

凤凰座
PHOENIX

印第安座
INDUS

望远镜座
TELESCOPIUM

巨嘴鸟座
TUCANA

0 1 2 3 4 5

MAGNITUDE | 视星等

Hercules

Her/Herculis

The Kneeling Hero

武仙座

形　　象_ **半跪的英雄**

缩写 I 拉丁名_ **Her**

属格 I 拉丁名_ **Herculis**

体量等级_ 5

星　　群_ 蝴蝶、楔石

待办事项

1.干掉尼密阿的巨狮（注意：什么武器都打不穿它的皮，大概得用勒或者掐的方法）——用10天完成？？？实际上花了30天——把其他日程往后推

2.杀掉那个多头水蛇**许德拉**（它的巢穴在伯罗奔尼撒的勒拿城附近的沼泽里）——用10天完成？？？实际上花了30天——把其他日程往后推

3.抓住刻律涅牝鹿（戴安娜的宠物）并把它活着带给迈锡尼的欧律斯透斯王——用一个月完成？？？实际上用了一年——日程表需要彻底重写

4.逮住厄律曼托斯山的野猪，同样活着带给迈锡尼的老欧

难对付——得和老师**喀戎**联系，问他有没有诱捕这玩意儿的办法

5.清理奥吉亚斯王牛厩里的牛粪——★★1天之内★★

千万小心别把狮子皮弄脏了——干洗太贵

6.把斯廷法罗斯湖边的怪鸟赶走——

注意：先试试箭头（沾过许德拉的血之后）是不是还带毒

绝对还有毒（……）必须给喀戎寄一张"早日康复"贺卡（他的膝盖还疼得厉害）——问问他知不知道我不是故意的

7.去克里特处理一头白公牛（？？）——好像是**米诺斯王**不愿意献给尼普顿的那个／他老婆还生了它的孩子（米诺陶诺斯）

8.抓住色雷斯国**狄俄墨得斯**王的食人马

9.从亚马孙女王希波吕忒那里把她那条时髦的腰带抢过来，送给老欧的闺女阿德墨忒

10.去偷革律翁的奶牛（革律翁就是厄里茨阿岛上的那个三头怪物——在遥远的西边，太阳落在海面上的那个位置）

老欧刚布置下来的2个额外任务

（这个撒谎精说话不算话——说好了只有10个任务的）

11.去阿特拉斯山上赫斯帕里得斯的果园摘金苹果

可能会遇到的问题：

A）那是个秘密地点——没人知道怎么去

B）有一条名叫**拉冬**的巨龙盘在树上保护它们（没准可以用棍子？？？）

12.从冥界把**刻耳柏洛斯**弄上来

怎么弄？？？（那可是见人就吞的地狱看门狗，屁股上长着龙尾巴，背上长着蛇鳞片的三头犬）

紧急必办事项：买一份人寿保险

天鹅座
YGNUS

天龙座
DRACO

牧夫座
BOÖTES

天琴座
LYRA

北冕座
CORONA
BOREALIS

蛇夫座＆巨蛇座
OPHIUCHUS
& SERPENS

0   1   2   3   4   5

MAGNITUDE | 视星等

Horologium

Hor/Horologii

The Pendulum Clock

时钟座

形　　　象_	**摆钟**
缩写Ⅰ拉丁名_	**Hor**
属格Ⅰ拉丁名_	**Horologii**
体量等级_	58
星　　　群_	无

2014年5月30日，清晨5点20分，全体英国人迎来了一次可怕的停顿：九十多年来，BBC广播四台第一次没有准时播放海上天气预报。这个小小的意外使得邮递员无法确定是否出门，睡眼惺忪的电台通勤者也惊得被茶呛到。一次不怎么严重的技术故障残忍地夺去了听众收听这个1924年起雷打不动地每天播报四次的节目的机会，使海上的水手和陆上的居民都陷入了困惑，失去了安全感。这是何等的恐怖！每天听着海上天气预报平静的音调醒来，又随着它舒缓的华尔兹旋律入睡的可不是只有海员啊。

导航史与计时史一直是不可分割的。这个星座原本是**拉卡伊**在1751至1752年间记录的14个星座之一，它纪念的是17世纪50年代荷兰科学家克里斯蒂安·惠更斯发明的摆钟。它最初被称为"Horologium Oscillatorium（摆钟）"，其中的阿尔法星代表的就是钟摆的最低点。然而这让我们不得不想到另外一个严重的问题：摆钟在海上似乎不怎么好使。而航海的历史也证明了这个问题是多么致命。一直到18世纪，船长可以在星星的引导下沿直线航行——根据天体的运动来规划路线——却无法在它们的引导下转向，换句话说就是，他们能够计算出自己所处的纬度，却无法计算经度。无数水手因遵循星星的导向直线航行而不慎触礁，摔得粉身碎骨。1707年，一整支英国海军舰队在西西里岛附近沉没，1400多名水手丧生。16世纪那些名垂青史的探险家固然拥有高超的航海技巧，但是运气在他们的成功中也扮演着关键的角色。每一个幸存的**麦哲伦**、德雷克与**哥伦布**背后，更多的是再也无法返航的名字。虽然这些雄心勃勃的殖民者意图用上帝的名义震慑土著，但他们自己也并不都能得到上帝的眷顾。

英国政府终于决定应该做点什么了。1714年，经度委员会成立，并悬赏2万英镑征集"可行并有效"的、在60海里以内决定经度的方法。达瓦·索贝尔的作品《经线：一个解决了他的时代最重要的科学问题的孤独天才的真实故事》，讲述的就是一位把一生奉献给这一事业的人士的生平。1735年，约克郡的木匠约翰·哈里森做成了一件甚至连**牛顿**都认为做不成的事：他成功制作了第一个精准的航海计时器，它可以计算船只所在位置与格林尼治子午线之间的时间差异，并由此推算出当地的经度。1880年，格林尼治时间成为英国的标准时间，到了1920年，全世界的人都在根据这个在两年后由BBC广播电台用"哗哗"声播送的时间来调整自己的手表了。

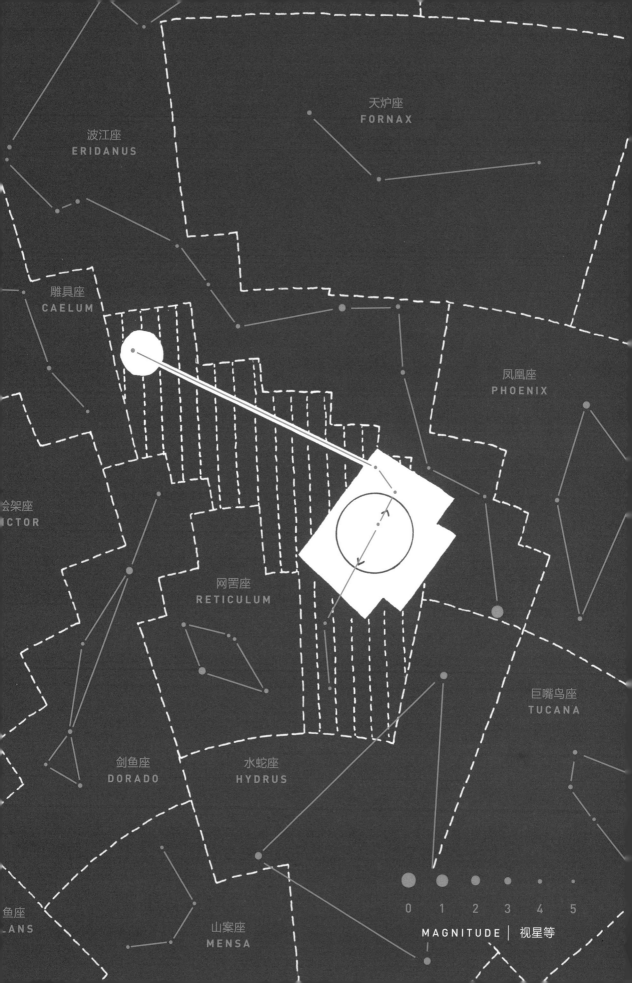

波江座
ERIDANUS

天炉座
FORNAX

凤凰座
PHOENIX

雕具座
CAELUM

会架座
CTOR

网罟座
RETICULUM

巨嘴鸟座
TUCANA

剑鱼座
DORADO

水蛇座
HYDRUS

鱼座
ANS

山案座
MENSA

0 1 2 3 4 5

MAGNITUDE | 视星等

Hydra

Hya/Hydrae

The Water-snake

长
蛇
座

形　　象_	水蛇
缩写I拉丁名_	Hya
属格I拉丁名_	Hydrae
体量等级_	1
星　　群_	头部

场景：伯罗奔尼撒郊外，白天。

远景：阿尔戈里斯平原。我们能够看到牛群在原野上吃草，农民在田里劳动。

近景：一个**小男孩**（菲利克斯，8岁）和他的**妹妹**（艾美利亚，6岁），脏兮兮的脸上有雀斑，在父母的农场里帮忙摘橄榄。他们一边干活儿，一边咯咯笑着打闹。

镜头摇到附近橄榄园里他们的**母亲**（20多岁），曾经很漂亮，但是比实际的年龄显老，她正在辛勤地劳作。

她突然停下了手里的活儿。她好像嗅到了什么气息。

场景切换

远景：诡异而邪恶的**勒拿沼泽**。

场景切回

橄榄园。镜头聚焦于**母亲**的面部，她知道发生了什么。

母亲：菲利克斯！艾美利亚！

（她的孩子们无视母亲的叫喊，围着一只木桶互相追着玩。）

母亲：（越发焦虑）菲利克斯！菲利克斯！带着你妹妹回屋子里去！

场景切换

勒拿沼泽。镜头拉近，有什么东西在烂泥深处移动。

场景切换

艾美利亚也闻到了那股恶臭，她吓得扔掉了手里装橄榄的篮子，到处寻找自己的哥哥，可是哪里都不见他的身影。

艾美利亚：（她知道那种臭味代表着什么）菲利克斯！菲利克斯！

勒拿沼泽。**许德拉**（一条长着狗身、覆着鳞片的九头巨蛇）缓缓爬出巢穴。我们能看到它喷吐毒烟。

菲利克斯还躲在桶后和妹妹玩捉迷藏，突然看到巨大的阴影遮蔽了地中海金色的阳光，笼罩在他的头上。他回过头，看到**许德拉**九颗龇牙咧嘴的脑袋流着口水，看着他发出咕噜声。

航拍镜头，许德拉的视角。突然有燃烧的箭射向这个怪物。

来者是乘着战车的**赫拉克勒斯**（一头金色长发，英俊狂野，披着狮子皮——它的爪子搭在他肩膀上）！他开始攻击**许德拉**，对着怪物的脑袋挥动大棒，但是他每打掉一个头，原来的位置就会再长出两个。一只阴险的螃蟹（**巨蟹**）从沼泽中爬出，攻击他的脚趾。但是英勇的**赫拉克勒斯**在与**许德拉**打斗之余便轻易地把它踩碎了。

赫拉克勒斯：（在激战中依然惊人地沉着冷静）伊俄拉俄斯，我想，你得帮个忙了。

伊俄拉俄斯，**赫拉克勒斯**的战车手（年近四旬，留络腮胡子，是一位忠诚的仆人）跳下战车，把拉车的高头大马拴在一棵树上，前去与**赫拉克勒斯**并肩作战。他用**许德拉**喷出的火焰点燃了一根树枝。**赫拉克勒斯**每打掉怪物的一颗头，他就马上用火去烧它的断面，这样新头就无法长出来了。

最终，**赫拉克勒斯**要准备对付**许德拉**最后一颗永生不死的头了，**伊俄拉俄斯**把**雅典娜**赠送的宝剑交给他，**赫拉克勒斯**用这把剑砍下了那颗脑袋。那颗头还活着，不停地挣扎。赫拉克勒斯把它埋在土里，又在上面压了一块大石头。然后他切开怪物的身体，用箭头去蘸流淌出的毒血。这时**伊俄拉俄斯**已经解开了马的缰绳。他们登上战车，对惊呆了的**菲利克斯**挥了挥手，驾车驶向远方。

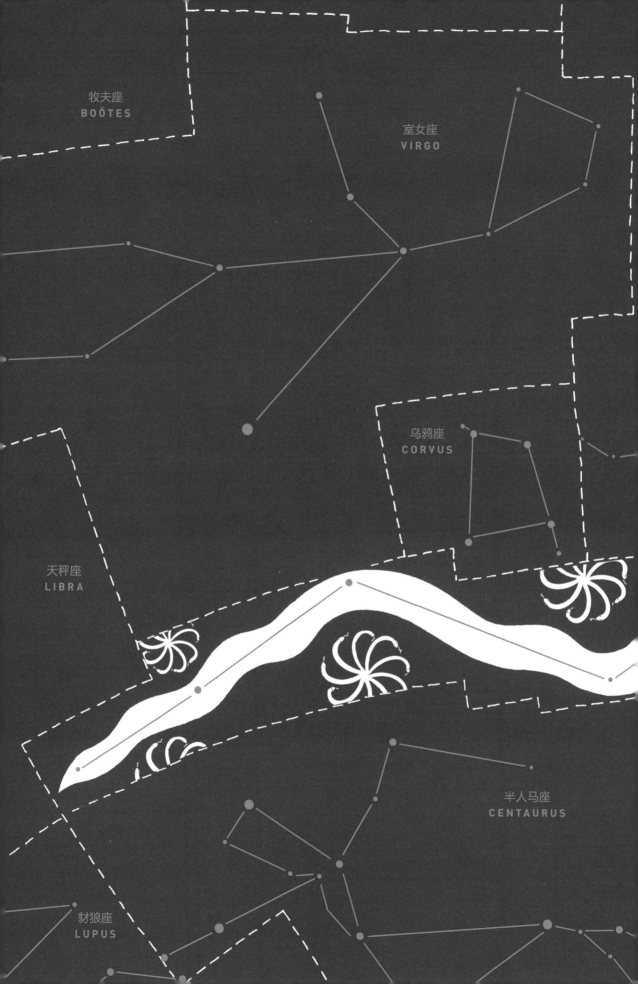

牧夫座
BOÖTES

室女座
VIRGO

乌鸦座
CORVUS

天秤座
LIBRA

半人马座
CENTAURUS

豺狼座
LUPUS

狮子座
LEO

巨蟹座
CANCER

六分仪座
SEXTANS

巨爵座
RATER

船尾座
PUPPIS

罗盘座
PYXIS

唧筒座
ANTLIA

船帆座
VELA

0　1　2　3　4　5

MAGNITUDE │ 视星等

Hydrus

Hyi/Hydri

The Lesser Water-snake

水
蛇
座

形　象_	**小水蛇**
缩写I拉丁名_	**Hyi**
属格I拉丁名_	**Hydri**
体量等级_	**61**
星　群_	**无**

两则关于平淡无奇的雄水蛇——水蛇座的小笑话

（千万不要把他和那条声名远播的 长蛇 **许德拉**搞混了，那非凡的雌水蛇力量之大，唯有绝世英雄**赫拉克勒斯**才能斩杀。）

换盏灯泡需要几条小水蛇？
那数目可就"水"了去啦！

咚咚！
是谁在敲门呀？
是小一点的水蛇呀。
哪条小一点的水蛇？
就是对星空的影响实在太小，
所以完全不能告诉你是
"哪条小水蛇"的
那条小水蛇
呀。

（这个星座没有任何与之相关的神话传说。）

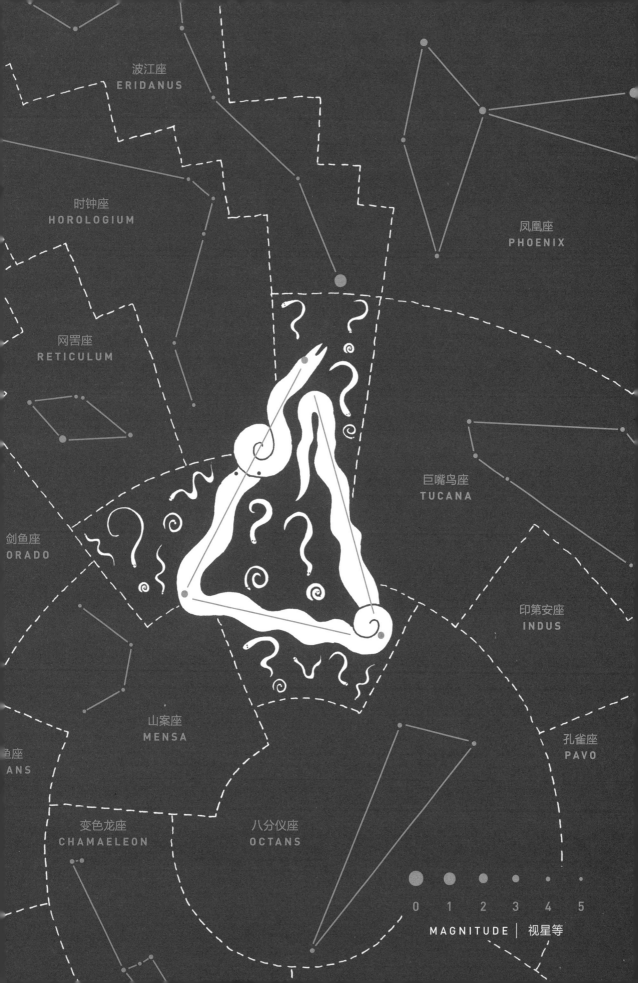

Indus

Ind/Indi

The Indian

印第安座

形　　象_	印第安人
缩写 l 拉丁名_	**Ind**
属格 l 拉丁名_	**Indi**
体量等级_	49
星　　群_	无

　　天空中那个"印第安人"的真实种族身份就像它的星辰一样晦暗不明。16世纪末，在荷兰探险家**凯泽**与**德·豪特曼**发现这个暗淡的星座时，"Indus"这个词不仅可以用来粗略地指代南北美洲的原住民，还可以代表整个印度次大陆的土著。可以确定的一点是，这两位探险家发现印第安座的位置既不在美洲，也不在亚洲，而是非洲东南沿海的马达加斯加。1595至1596年间，他们搭乘的前往东印度群岛的船队在那里休整，这两位航海家的绝大多数天文学观察都是在这段时间完成的。

　　这个幽暗的星座折射出了一些与当时人们的思维模式有关的、令人不快的现实。如同该星座在当今星图上的形象一样——那是一位身穿草裙或缠着腰布、挥舞着长矛的部落男子——他的身份似乎完全没有被描绘得更精确的必要。以16世纪与17世纪之交欧洲人的种族观念来说，一个半裸的"印第安人"形象差不多足以概括探险家最新发现的奇邦异国中的原住民了。更露骨地说，凯泽与德·豪特曼描绘的其他所有星座形象——天燕座（天堂鸟）、变色龙座、剑鱼座、飞鱼座、孔雀座、天鹤座（苍鹭）、凤凰座、巨嘴鸟座、水蛇座和苍蝇座——都是所谓富有"异域风情"的野生动物。这不难让人得出一个丑恶的结论：在早期殖民者眼中，那些人也许和这些生物没有什么区别。

　　当然，这并不是说西方人对这些原住民毫无兴趣。现实与此恰恰相反，这些新发现让他们既嫌恶又着迷，这种视角的两面性在蒙田的"高贵的野蛮人"理论[1]与莎士比亚

的剧作《暴风雨》中有着很好的印证。后者创作于印第安座被发现后的几年里（这个星座在1598年由**皮特鲁斯·普兰修斯**添加到天球上，又在**约翰·拜耳**1603年的《测天图》中首次以印刷的形式出现）。在这部剧作中，莎士比亚着重描写了遭遇海难后流落孤岛的主人公普洛斯彼罗与岛上两位原住民之间棘手的关系。艾瑞尔与凯列班[2]，这两个名字本身就暗示着神话、魔法，乃至同类相食[3]，揭示了詹姆士一世时期英国人看待异族人的复杂心态：痴迷与恐惧各半，彼此难分，互不相抵。

---

1. 指未开化原始人的善良天真不受文明罪恶的玷污。
2. 岛屿土著凯列班（Caliban），被表现为一个相貌丑陋、举止粗野乃至半人半怪的形象，在主角普洛斯彼罗到达之前统治海岛，被征服后不得不成了这位公爵的奴仆。艾瑞尔（Ariel）则是魔法精灵，他因为违抗原主人——邪恶的女巫西考拉克斯（凯列班的母亲）——而被囚禁，被普洛斯彼罗释放出来之后便忠实地用自己的魔力为他效劳。
3. "艾瑞尔（Ariel）"这个名字的含义是"神的狮子"，而"凯列班（Caliban）"一名的含义则具有争议性，一个常见的看法是，这个词是对西班牙语中"canibal（加勒比人）"一词做的移位构词游戏，同时"canibal"这个词也是英语中"cannibal（同类相食）"一词的来源。

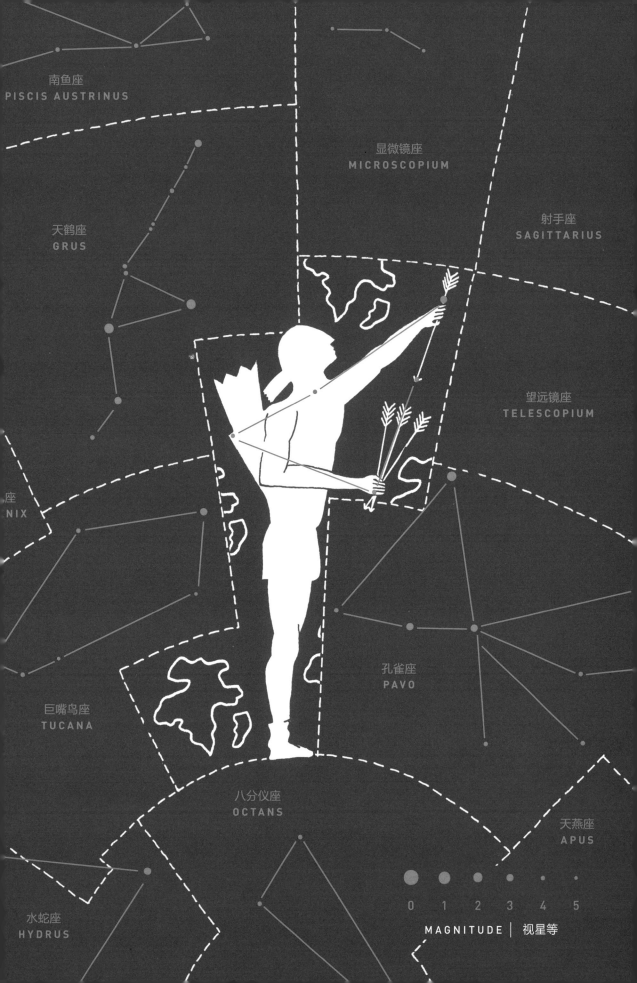

Lacerta

Lac /Lacertae

The Lizard

形　　象_	**蜥蜴**
缩写 I 拉丁名_	**Lac**
属格 I 拉丁名_	**Lacertae**
体量等级_	68
星　群_	无

　　我试着抓住那只蜥蜴，它却一次又一次地从我指间溜走。我在网络上到处寻找，只是每当我瞥见它的身影，它就会飞快地钻进数据之间的缝隙里。我也在书本中找过它，但是它躲藏在字里行间，怎么也不肯出来。

　　我第一次看见这只小小的爬行动物是在波兰天文学家**约翰·赫维留**的星图《天文图志》（*Firmamentum Sobiescianum*）的卷首上。这部插图精美的著作编写于1687年，却在1690年赫维留过世之后才得以出版，扉页上印着一幅赫维留将新发现的星座献给天文学缪斯**乌剌尼亚**的版画。这真是一幅精妙绝伦的图画：这位（不能说特别）谦逊的天文学家手持盾牌与天文器材——它们象征着两个新发现的星座，即盾牌座与六分仪座——屈膝跪在天球仪前仰望着他的缪斯。光芒闪耀的女神手中托着太阳和月亮，身边站着天文学历史上的诸位先贤，其中有**喜帕恰斯、第谷·布拉赫、托勒密和哥白尼**。画上还有一群小动物蹦蹦跳跳地跟在赫维留身后（是他把它们放入星空的）——有鹅和狐狸（狐狸座）、一对猎犬（猎犬座）、一只小狮崽（小狮座），还有一只猞猁（天猫座）——而引领这群动物的正是我们那位狡猾的小朋友蝎虎座。只是这幅卷首图太过华丽，赫维留似乎对这只小蜥蜴没有什么兴趣。实际上，他似乎不太愿意在这个小家伙身上花心思，直接给它起了一个外号："Stellio"——拉丁文中的"蝾螈"——它也是一种生长在地中海一带的蝾螈的名称，反正这些小家伙粗糙的脊背上也的确长着星星一样的斑点[2]。正因为如此含糊的描述，每次我的视线刚锁定那条蜥蜴，它就逃走了。

　　我后来又在纳瓦霍地毯的边角上发现了它的身影。它用背上的几何图案做伪装，而巫医们会通过线绳游戏[3]教部落里的孩子翻出这些图案，以此来识别先祖在天空中勾勒的星座。可是我不确定它是不是我追逐的那只蜥蜴。我最后一次看到它的时候，它已经变成了我完全认不出的模样。现在它化作了中国的星官"腾蛇"，缠绕在蝎虎座的北部。

　　由此看来，想要抓住这只藏匿于群星间的蜥蜴，就和抓它地球上躲在石头缝里的兄弟们一样麻烦。

1. 又名蜥蜴座。
2. 概为Stellagama stellio，学名斑岩蜥/斑鬣蜥，俗称星纹鬣蜥，是主要分布在希腊、东南亚以及东北非的一种蜥蜴。
3. 这种游戏和翻花绳很像。

仙后座
CASSIOPEIA

仙王座
CEPHEUS

天龙座
DRACO

天鹅座
CYGNUS

仙女座
ANDROMEDA

小马座
EQUULEUS

飞马座
PEGASUS

MAGNITUDE | 视星等

0 1 2 3 4 5

Leo

Leo/Leonis

The Lion

● ●

狮子座

形　　象_	**狮子**
缩写丨拉丁名_	**Leo**
属格丨拉丁名_	**Leonis**
体量等级_	12
星　　群_	室女的宝石、镰刀、春季大三角

　　他天生就是演**赫拉克勒斯**的料，他一边这么给自己打气，一边穿过雨中的 Soho，不时停下来对着咖啡馆的玻璃窗检查发型有没有乱。他按响了三楼的门铃——虽然按键上的铅字早已剥落，他还是确定"星光选角工作室"对应的是一个"3"。走进等候区，他看到的是一群二十来岁的男子，他们坐在廉价的椅子上，看起来就像一群拙劣的仿制品——他自己的仿制品。有些人是卷发，有些人是直发，但披散在他们强健的肩膀上的长发都是金灿灿的——跟他的一模一样。他注意到其中有个人居然穿了双雪地靴。他先是觉得好笑，但马上反应过来——这让他略有些紧张——用这种方式来表现狂野没准能让他在一堆仿制品中脱颖而出。

　　不停地对着电话咯咯笑的前台女孩好不容易才抽空告诉他，试镜推迟 40 分钟。他在一张浅绿色的塑料椅子上坐了下来，他的左边坐着个瘦一点的自己的翻版，右边坐着个年轻一点的。他随手翻着 *Metro* 杂志，只停下来读了读关于最新的"原始人饮食法"[1]和星座运势的文章。终于，有人叫到了他的名字。

　　一个穿着滑稽的彩色运动鞋的谢顶男子带着浓重的鼻音对他说道："所以，你是在一个山洞里，身边全是性感美女——这是那头狮子干的，你明白？它把城里所有女的都拖到自己窝里去了。然后她们全都抬头看着你，央求你，她们都吓坏了——可还是很性感。"那人干巴巴地笑了两声，"我们先拍你堵住山洞的一个出口，然后把镜头切换

到你拿胳膊擒住了狮子——对，确保我们能很好地拍到你的二头肌——再然后你就把它弄死了，姑娘们得救。你说台词，明白？开机。"

　　"不好意思，不过——呃，我要不要加上挥大棒的动作？"

　　"咳，哥们儿，关键是武器对这头狮子不管用——武器对付不了它的金毛，到时候我们会给它加上炫目的特效，所以你得徒手掐死它。"

　　他在那块一平方英尺的蓝地毯上摔打着，对着镜头前沉闷的空气做出勒死狮子的动作，不过这没什么说服力。他开始怀疑来试镜到底是不是个好主意。然后他想到了自己裸着上身、古铜色的肩膀上披着狮子皮的模样，想到了自己不断透支的信用卡，还有家里漏水的暖气。

　　带着狂怒，里奥·克拉克投入地完成了赫拉克勒斯的第一项伟业。

---

1. 一种流行过的所谓健康饮食/减肥饮食方法，崇尚像石器时代人一样依靠原始农业和狩猎采集食物为生的饮食方式，餐中包含大约 60% 的动物蛋白质和 40% 的植物（水果、蔬菜、菌类、坚果及种子类），以此取代农业时代只摄入谷物、糖类、食盐及豆类的饮食方式。

Leo Minor

LMi/Leonis Minoris

The Lion Cub

● ●

小狮座

形　　象_	**幼狮**
缩写	拉丁名_	**LMi**
属格	拉丁名_	**Leonis Minoris**
体量等级_	64
星　　群_	无

一则与一个不甚明亮的北天星座相关的真实故事

她甚至不记得自己是何时爱上天文的。还是小女孩的时候，**凯瑟琳娜·伊丽莎白·考夫曼**就在双亲（富商家庭，足以满足女儿的幻想）的陪伴下，穿过家乡但泽的街道，敲响那位天文学家的房门。**约翰·赫维留**给她展示了自己那世界知名的天文台的奥秘，并承诺为她揭开夜空中的谜团——当然，得等她长大了才能听懂。

伊丽莎白焦急地度过了童年。满十五岁那年，她终于再度敲响了他的屋门。比她年长36岁的赫维留，天文学界骄傲的雄狮，不由得露出了一个大大的微笑。他的第一任妻子，一位无法分享他对天文的热爱、更愿意跟他念叨那家他不得不负责经营的酿酒厂生意的女性，刚过世不久。我们可能永远不会知道，是在伊丽莎白哪一次拜访之后，这位经验纯熟的数学家算出了他们应该喜结连理这一结果，但是，即便多年之后，他回忆起他们的结合依然充满柔情：

> 在那个星光明亮的夜晚，她怀着雀跃的心情，欣喜不已地通过他那巨大的望远镜追寻着光华四射的满月那沉静的轨迹。她热情洋溢地告诉他："如果我能一直留在这里观看星星，能够和您一起探索星空的奥秘，那我就再幸福不过了！"而那位备受尊敬的天文学家此时刚好也有同感。

或许，赫维留这位"忠诚的助手"觉得这次结合并没有那么浪漫。身为女性，她无法进入大学学习，因此，要追求科学事业，婚姻是她唯一的权宜之计。然而，就伊丽莎白的情况来说，这次结合带来的机遇混合着激情。她就像波兰版的多萝西娅[1]，倾心于年长的夫君那渊博的学识，渴望把自己美妙的青春年华奉献给他的鸿篇巨制，那份激情不输于艾略特笔下女主角的狂热。在家庭生活中，赫维留并不是不通人情的暴君：在他这位小妻子罹患水痘的时候，他一直留在她身边照顾，寸步不离。

约翰·赫维留留下那部（在妻子的得力帮助下编写的）未完成的星图，撒手人寰。1690年，他的《天文图志》由伊丽莎白编辑出版，书中就包括这个不甚醒目而经常被忽略的小狮座。约翰·赫维留夫人，弗朗索瓦·阿拉果[2]口中的那位"我所知道的第一位不畏惧天文学观察与计算的辛劳的女性"，被认为是有史以来第一位女性天文学家。小行星"考夫曼12625"就是以她的名字命名的。

---

1. 乔治·艾略特小说《米德尔马契》的女主人公之一，一个理想主义和充满宗教热忱的年轻女孩，一心想要找一位学识渊博、能够教导她许多知识的年长的丈夫，并在小说前半部分不顾众人的反对，与一位比她年长二十多岁的老学究牧师结婚。
2. 多米尼克·弗朗索瓦·让·阿拉果（Dominique Francois Jean Arago，1786—1853），法国物理学家、天文学家，精于光学和电磁学实验。

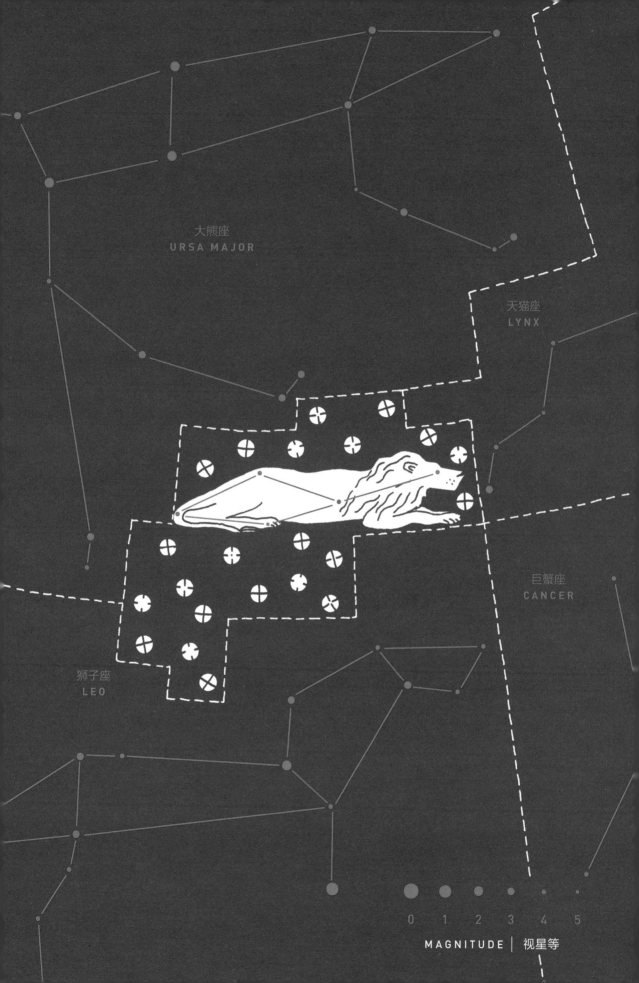

大熊座
URSA MAJOR

天猫座
LYNX

巨蟹座
CANCER

狮子座
LEO

0　1　2　3　4　5

MAGNITUDE │ 视星等

Lepus

Lep/Leporis

The Hare

● ●

形　　象_	**野兔**
缩写 I 拉丁名_	**Lep**
属格 I 拉丁名_	**Leporis**
体量等级_	51
星　　群_	无

天兔座

出于恐惧，它瑟缩在伟大的猎户**俄里翁**脚边，躲避着他那两条猎犬——大犬座和小犬座——它们正试图嗅出它的踪迹。它就是天兔座。每年冬天，一部紧张的动作大片都会在北天夜空上演，这只怯懦的小兔子在这场狩猎戏中只扮演了一个小角色，小到剧中其他人都忘记了它的存在。兔子原本被弓箭逼到绝境，眼看就要丧命于俄里翁之手，却在千钧一发之际死里逃生：狂怒的金牛顶着可怕的犄角冲向猎人，让他再也顾不上眼前的猎物，而东方升起的天蝎从石缝中爬出，用毒针给了猎人的脚以致命的一击。俄里翁可没有那只兔子的好运气，他一败涂地，猎户座的星星在西边落下。**阿斯克勒庇俄斯**——那位伟大的治疗者——连忙赶到现场，他用上睿智的**喀戎（半人马座）**教他的全部看家本领，才让这位猎人起死回生。当复活的猎户座重新在东方升起时，狡诈的蝎子早已钻回地平线之下。我们有理由相信，公元前4000年左右的人们很可能是在秋天的夜空中看到这场狩猎大片的，而秋天刚好是狩猎的季节。经过地球数千年的运转，如今冬季便成了观察这一场景的最佳时机。虽然那只兔子的角色并不重要，但它像故事的主角们一样被人们铭记与解读。19世纪的鸟类学家达西·汤普森甚至为它加了一些复杂的内心戏，让这部动作片多了一丝希区柯克风格的悬疑气息：按照汤普森的说法，兔子对乌鸦存在病态的畏惧心理，因此一旦乌鸦座升起，可怜的天兔座就会吓得仓皇而逃，然后深深地挖出一个窟窿，躲进地平线下黑暗的兔子窝。

古代中国的天文学家也在夜空中看到了这场一年一度的狩猎，不过这一边的想象可能稍微欠缺一点"雅致"。在这个版本的故事里，天兔座的 α、β、γ 和 δ 星组成了"厕"——供猎人使用的厕所，而 μ 星和 ε 星则为如厕的猎人提供了遮羞的屏障[1]。甚至从"厕"南方落下的排泄物都有一颗星星做代表，它就藏在被西方的观星者称为"天鸽"的星座里[2]。

1. 天兔座包含参宿的三个星官：屏、军井、厕。α 至 δ 分别被称作厕一、厕二、厕三与厕四，ε 与 μ 则被称作屏一与屏二。

2. 这颗星是天鸽座 μ，天兔座中的绝大多数星官属南方的井宿，如丈人、子以及孙。只有天鸽座 μ 属于参宿，是参宿的七个星官之一的"屎"。

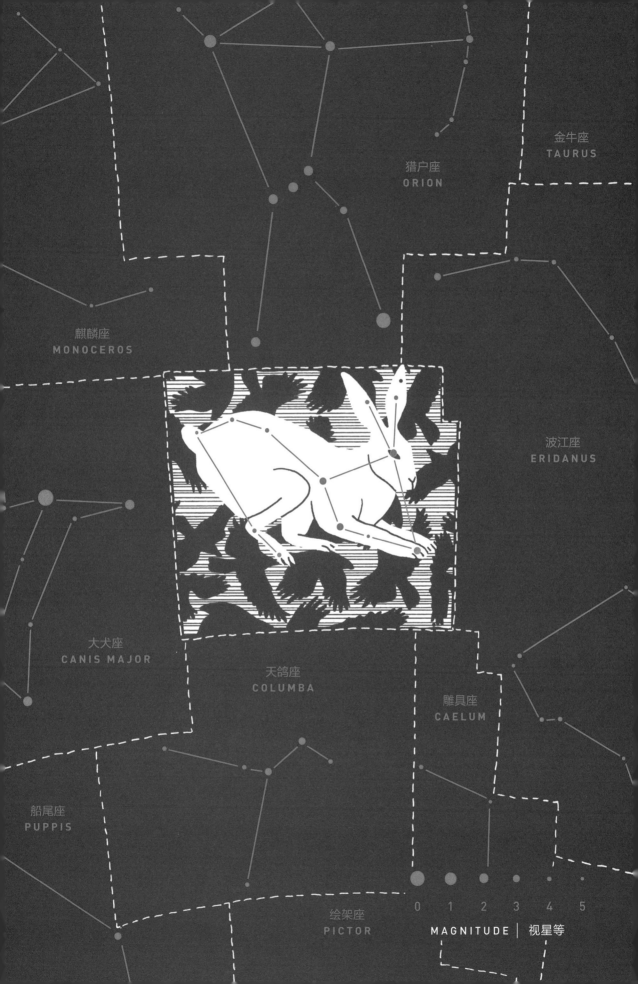

金牛座
TAURUS

猎户座
ORION

麒麟座
MONOCEROS

波江座
ERIDANUS

大犬座
CANIS MAJOR

天鸽座
COLUMBA

雕具座
CAELUM

船尾座
PUPPIS

绘架座
PICTOR

0 1 2 3 4 5

MAGNITUDE | 视星等

Libra

Lib/Librae,

The Scales

天秤座

形　象_	**天平**
缩写 l 拉丁名_	**Lib**
属格 l 拉丁名_	**Librae**
体量等级_	29
星　群_	无

你是天秤座吗？平衡、公正又擅长交际的天秤座？你是不是在这个自古以来就与天平关联的黄道宫出生的？这也许是因为 2000 年前太阳进入天秤座时刚好秋分，昼与夜同长。

在中世纪，占星学和天文学被视为同义，是精巧复杂、被高度重视的科学。在那些年头，占星图可不应该是你就着早餐麦片随便翻翻的东西。它们往往是精心绘制的作品，辅以做工精巧的星盘和象限仪计算出的行星间的夹角，人们便可用它们推测政治上的吉凶。

占星术的确有着预言个人命运的传统，自公元前 5 世纪以来，在古巴比伦与古埃及就已有流传，许多例子可为佐证。然而，到 12 世纪巴斯学者阿德拉德制成西方世界第一幅精准的天文学图表时，占星术早已变得成熟、复杂。先是古希腊人发展了这项古老的艺术，在里面加了一点哲学的元素，然后把它传给了阿拉伯世界。它在那里又吸收了印度、波斯与伊斯兰文明的传统。因此，当中世纪的英格兰学者游历西班牙、西西里和中东归国时，他带回的大量科学著作里已掺杂了占星学、炼金术和魔法。

在五个关键的行星要素中（天体间的夹角关系），中世纪的占星学家最看重的是"合"这个概念——从地球上看，行星出现在同一个经度上。"合"往往预示着重大的历史事件，或者政治和宗教上的剧变。所以，当他们发现已知的七个星球（太阳、月亮、水星、金星、火星、木星与土星）将在 1186 年 9 月的天秤宫连成一线时，占星家们自然跃跃欲试，准备大展身手了。

英格兰的编年史家豪登的罗杰记录下了当时的慌乱。因为天秤座是一个风象星座，所以这个征兆让不少人担忧风暴即将来临。像克鲁菲扎这样的占星家甚至预言，空气将会被"恶臭的毒气"染得漆黑："许多人会因此染病而死，空气中还将传来惊天动地的声响，震慑着人们的灵魂。"随着预言的日期越来越近，人们的恐慌也日益加剧。

幸运的是——但可能也要令深信"神秘梅格"的预言的人们失望了——现实和预言之间的关联往往微乎其微。当时只不过是肯特郡下了点冰雹、威尔士闹了点洪水，而英国人对此早就司空见惯了。

牧夫座
BOÖTES

蛇夫座＆巨蛇座
OPHIUCHUS
& SERPENS

室女座
VIRGO

天蝎座
SCORPIUS

长蛇座
HYDRA

豺狼座
LUPUS

半人马座
CENTAURUS

0　1　2　3　4　5

MAGNITUDE ｜ 视星等

Lupus

Lup/Lupi

The Wolf

豺狼座

形　　象_	豺狼
缩写丨拉丁名_	**Lup**
属格丨拉丁名_	**Lupi**
体量等级_	46
星　　群_	无

这只狂野的动物在时光中穿梭，不断变换着形态。在阿卡德人眼里，它是死亡之兽（Urbat）；对于巴比伦人来说，它是野狗或野狼（Ur Idim）；古代阿拉伯人说那是雌狮（Al Asadha）；古代土耳其人把它当作某种凶兽；而古希腊人也称它为"野兽（Therium）"；古罗马人则叫它"兽（Bestia）"或"野生动物（Fera）"。有时这头凶兽是个混合物种，长着人类的头颅与躯干、狮子的后腿与尾巴。古希腊人看到，半人马正挑着被长矛刺穿的野兽，走向天坛座的祭台，那头猛兽也许就是被**赫拉克勒斯**赶进雪地而后擒住的厄律曼托斯山野猪。人类总是试图在故事中征服野兽。直到文艺复兴时期，学者们把**托勒密**的著作由希腊文译成拉丁文，才终于找到了与这形态多变的生物相对应的希腊传说，彻底确定了它的形象。

吕卡翁王统治着阿耳卡狄亚，在那片偏远而诗意的山林中建起了第一座城市。他是一位残忍又傲慢的国王，膝下有五十个同样凶暴的儿子。这位国王以其不敬神明的暴行而恶名远扬，那些离经叛道的礼仪习俗让每个规矩的希腊人听了都怕得发抖——他们竟然打着**宙斯**的旗号同类相食，大啖人肉。吕卡翁的罪行终于传到了奥利匹斯山上，宙斯决定亲自降临世间调查此事。他变化成贫苦劳工的模样，敲响了吕卡翁王宫的大门。乍看之下，他们还是用周到的"待客之礼（Xenia）"——这是希腊人展现好客之情与待客之道的神圣习俗——款待了宙斯。但是，一个人可以尽管满面都是笑，骨子里却是杀人的奸贼。[1]吕卡翁和他的儿子们用一道令人作呕的汤菜招待伪装的神祇，汤里煮的是羊的内脏，还有宙斯之子**阿卡斯**的血肉。宙斯只尝了一口，便知道那是他的亲生骨肉，顿时怒不可遏。他掀翻了餐桌，以雷击打大厅的每个角落，把吕卡翁的五十个儿子全部劈死。国王从暴怒的天神手下勉强逃脱，但是奔逃中他的哀号变成了嗥叫，他的四肢长出了毛发，嘴里钻出了又黄又长的尖牙：宙斯把吕卡翁——这个名字的含义就是"母狼所生"——变成了一头狼，使他侵袭自己的羊群。可是宙斯又如何处置他自己惨遭屠戮的儿子的残骸呢？抬头看看天上的**牧夫座**吧，答案就在它的群星之间。

1. 引自《哈姆莱特》，朱生豪译本。

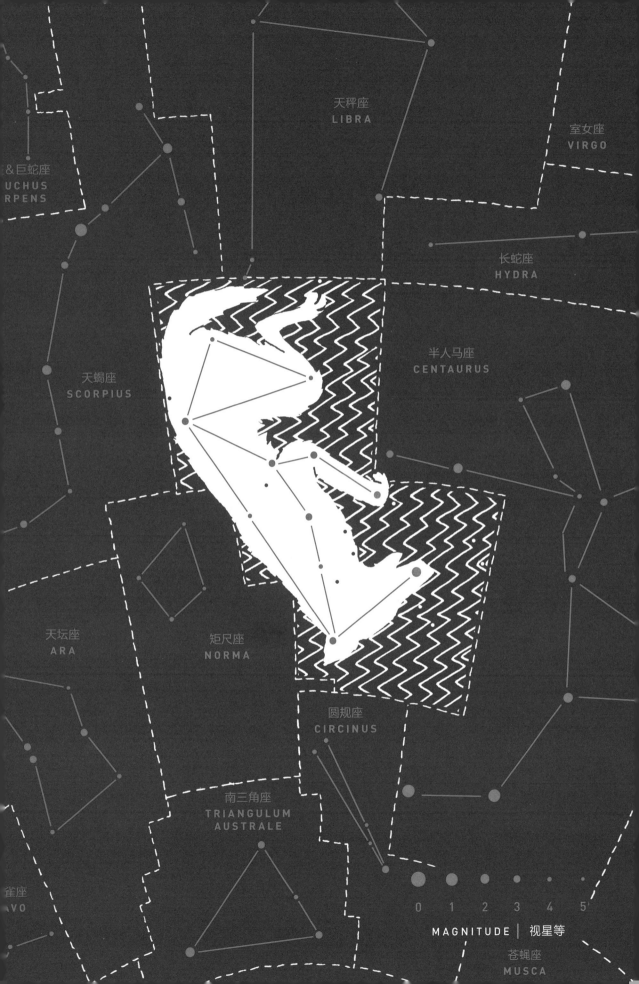

Lynx

Lyn/Lyncis

The Lynx

天猫座

形　　象_	**山猫**
缩写 I 拉丁名_	**Lyn**
属格 I 拉丁名_	**Lyncis**
体量等级_	67
星　　群_	无

　　17世纪的波兰天文学家**约翰·赫维留**谈不上是个特别谦虚的人，尤其是在"眼力"这件事上。虽然和望远镜这项改变世界的发明差不多同时诞生（赫维留于1611年出生在但泽，刚好是意大利的**伽利略**开始使用望远镜的两年之后），他却声称双眼才是他最得力的观测工具，甚至经常夸张地说他记录的星体是多么多么暗淡。当然，他不是真的只用一双肉眼观察天体，给希腊天文学家**托勒密**的四十八星座添加新成员时，他还是借用了六分仪与象限仪等天文器材的。况且，天体图上保留的由他添加的其中七个星座里，有些星星是古希腊人早就发现的。

　　可是，不管怎么说，就发现天猫座而言，他绝佳的视力还是得到了很好的证明。想要在那片暗淡的星团中看出一只短尾巴的猞猁的确需要极其锐利的眼光——其中的大多数天体亮度都不超过四等（只有一个例外），孤零零地藏在双子座以北、大熊座与御夫座之间广阔的空间里。有趣的是，赫维留没有把这只目光如炬的野兽安排在那对著名的双胞胎兄弟身边。虽然他把这只双眼锐利的大猫放在天上的时候没有什么传说方面的考量——除了他自己传说级别的好眼力——但是的确有一个故事可以把波兰的猞猁跟希腊的兄弟联系在一起。

　　古希腊时期的一天，"狄俄斯库里"[1]兄弟**卡斯托尔**和**波吕丢刻斯**与堂兄弟们之间爆发了一场口角，这对堂兄弟伊达斯和林叩斯[2]刚好也是双胞胎。当然，卡斯托尔与波

吕丢刻斯在堂兄弟们的婚礼当天抢走他们的新娘或许不太明智，把这两个美人带回斯巴达，还让她们怀了孕，肯定也不利于家庭和谐。毫无疑问，那对堂兄弟肯定是要报复的。

　　婚礼被毁之后，林叩斯一直追寻着惹祸的双胞胎。他拥有超人的视力，甚至能看穿实体，于是他跑到山顶，用猞猁一般锐利的双眼扫视山下的大地，很快就发现那对兄弟躲在一株橡树的树洞里。他立刻通知了兄弟伊达斯，两人一起悄悄逼近那两个捣蛋鬼，向他们发起了突袭。林叩斯一剑刺穿了卡斯托尔，却被拥有永生之力的波吕丢刻斯在暴怒之下砍死。此时宙斯也来帮助自己的爱子，用闪电击杀了伊达斯。波吕丢刻斯抱起口吐鲜血、奄奄一息的兄弟，苦苦哀求全能的父亲收回自己永生不死的能力，让他与心爱的兄弟一起死去。爱子对兄弟的友爱打动了**宙斯**，他把这对兄弟一起变成了星座，让他们永远相伴，形影不离。

---

1. Dioscuri，意为"神之子"或"宙斯之子"，是卡斯托尔与波吕丢刻斯这对双胞胎兄弟的合称。
2. Lynceus，即天猫座（Lynx）。

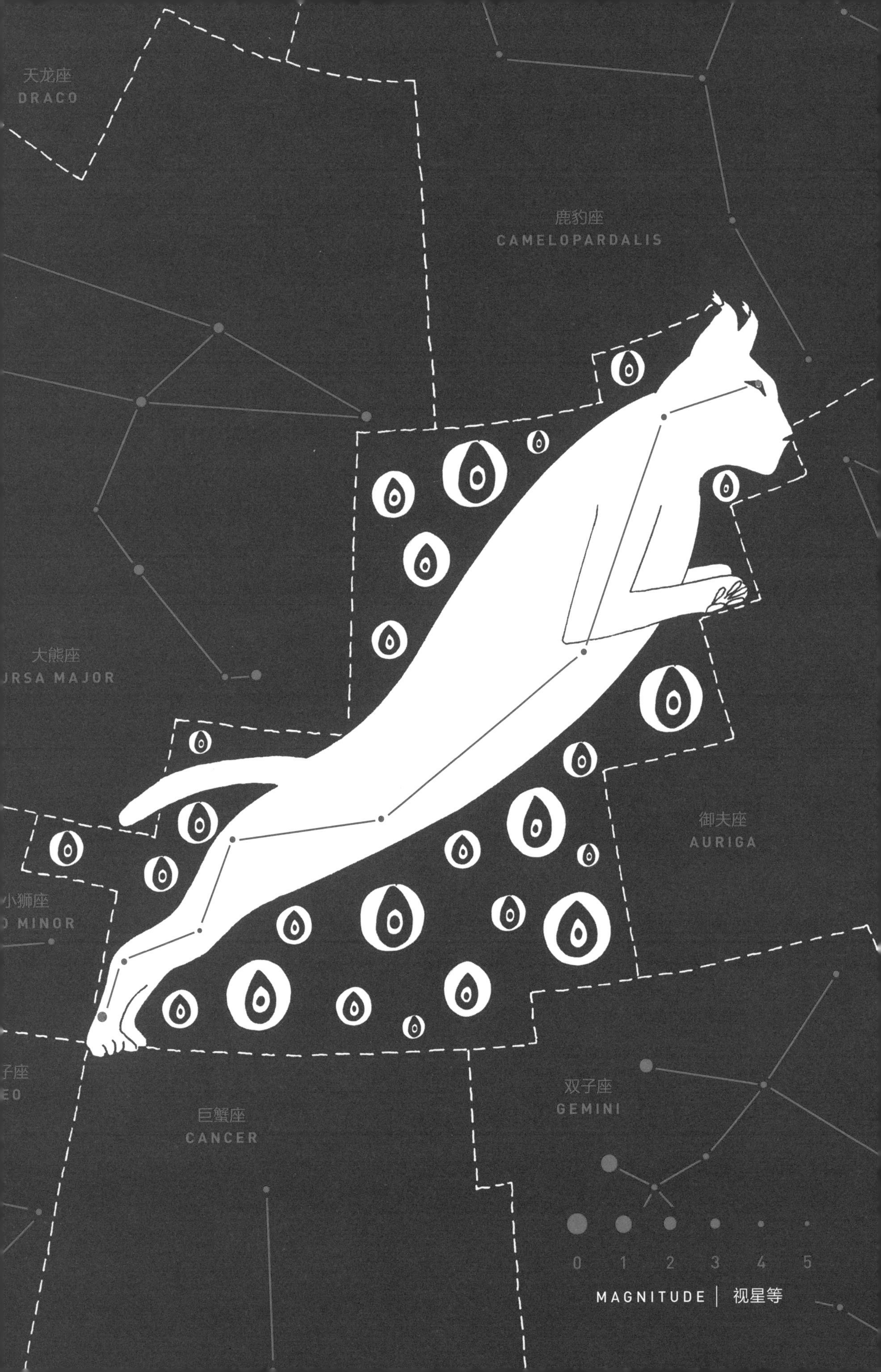

天龙座
DRACO
鹿豹座
CAMELOPARDALIS
大熊座
RSA MAJOR
御夫座
AURIGA
小狮座
MINOR
子座
EO
巨蟹座
CANCER
双子座
GEMINI
0
1
2
3
4
5
MAGNITUDE | 视星等

Lyra

Lyr/Lyrae

The Lyre

天琴座

形象_	里拉琴
缩写I拉丁名_	**Lyr**
属格I拉丁名_	**Lyrae**
体量等级_	52
星群_	夏季大三角

我们躺在床上，盘算着给你起什么名字。你爸爸想叫你"鲍勃"。

"鲍勃？你叔叔的名字？当建筑工的那个鲍勃？"

"老天，我说的是姓迪伦的那个鲍勃。鲍勃·迪伦，有史以来最伟大的音乐家。"

我说我一直挺喜欢"格蒂"这个名字，他说他觉得你不会是个女孩。就算你的确是个女孩，你也不会是那种轻佻的维多利亚式淑女。然后我就提了"列奥纳德"，列奥纳德·科恩的列奥纳德。

"那种被人堵在操场角落里挨揍的倒霉孩子才叫'列奥纳德'，因为他的名字听起来像30年代的老古董，没有运动鞋穿，说不定还尿床。"

我关了灯，在床上翻了个身——不如说我原本是想翻身，却没有翻过去——腹中的你不让我这么做。我睡不着觉，只好盯着窗外透过城市的微光依稀可见的几颗星星。给星星起名字又该多么难啊，得是什么人才能做到？有人曾经跟我说过，在某个网站可以买到星星，还能用自己的名字命名。我努力回忆着自己在学校学过的星座，我还记得北斗七星和猎户座的条带，对仙女座和奥维德的《变形记》也稍微有点印象。是不是有个**俄耳甫斯**？你爸爸应该会喜欢"俄耳甫斯"这个名字的，他可是民谣歌手中的民谣歌手，民谣的开山鼻祖，就连飞禽走兽听到他轻轻弹奏吉他都会驻足回首。（他弹的是吉他吗？）然而我立刻想到了俄耳甫斯后来的遭遇。我想到他去冥府寻找心爱的欧律狄刻，却因忍不住回头而永远失去了她；而后他被一群深陷酒神狂欢的妇女撕得粉碎。我思索着为什么每一个美丽的故事和动听的名字背后都充斥着痛苦，又想着如何向你诉说这一切。

我躺在产床上，而你刚刚降临人世。你是个女孩。你张开嘴发出了第一声啼哭，那声音在我们听来美得如同全世界所有最棒的歌曲中所有音符的合鸣。

莉拉（Lyra），这是我们给你起的名字，与天琴座同名的莉拉。

114

115

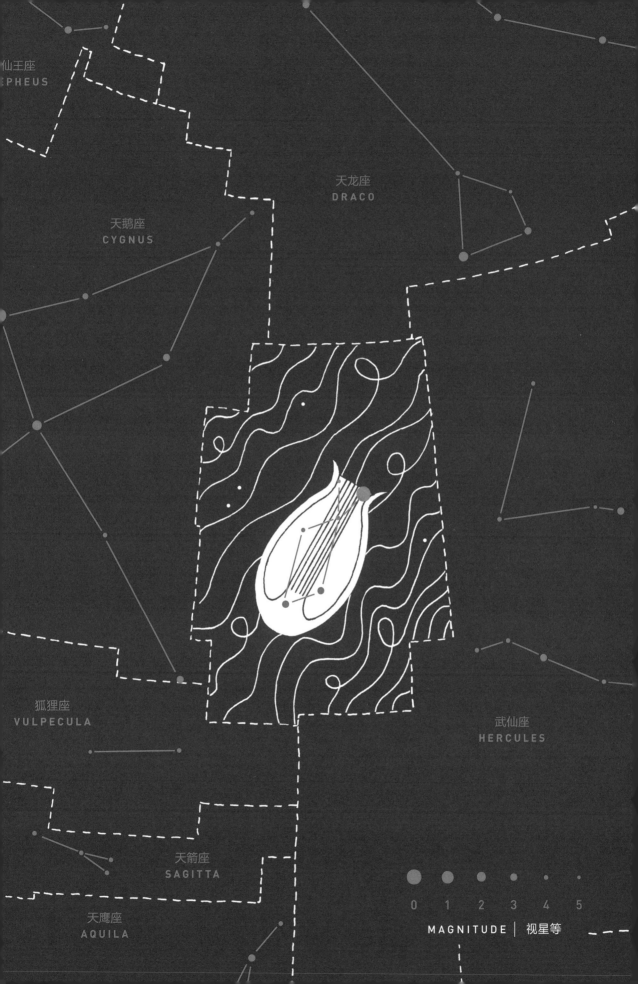

仙王座
EPHEUS

天龙座
DRACO

天鹅座
CYGNUS

狐狸座
VULPECULA

武仙座
HERCULES

天箭座
SAGITTA

天鹰座
AQUILA

0 1 2 3 4 5

MAGNITUDE │ 视星等

Mensa

Men/Mensae

The Table Mountain

山案座

形　象_	**桌山**
缩写 l 拉丁名_	**Men**
属格 l 拉丁名_	**Mensae**
体量等级_	75
星　群_	无

　　那是唯一一个留名天际的大陆板块：南非好望角的桌山。1751 至 1752 年，身处好望角的**尼古拉·路易·德·拉卡伊**观测着南天星空，这座大山就耸立在他面前。当他安坐在山脚下的城市，仰头观赏那奇妙的平顶山上动人的风景时，不知他是否知道，这片神奇的土地也有着无数古老的传说。

　　科萨人[1]中间流传的一个神话就是其中之一。太阳神提克索和独眼的大地女神约贝拉生了一个儿子，名叫夸马塔。夸马塔打算创造世界，却惊动了深海中的巨龙加尼亚姆巴。看到这个毛头小子居然敢用新生的陆地侵占属于自己的原初之海，巨龙自然是怒火中烧，与夸马塔展开了激战。约贝拉见爱子久战不利，伤痕累累，决定助他一臂之力。她召唤了四位强壮的巨人，把他们分别安排在新生大陆的四角，以防范巨龙的进攻。然而，就算是巨人，也难以抵挡加尼亚姆巴的怪力。当巨人们的生命走向尽头时，他们请求约贝拉把他们的尸体变成大山，这样他们在死后也能继续保护大地了。巨人中最强大的一位——南方守卫者乌姆林迪·维明吉茨姆——就这样变成了今日的桌山。

　　这个星座包含了大麦哲伦星云的一部分，由此，当拉卡伊把这张名为"山案"的桌子安置在天上时，他一定是把大麦哲伦星云想象成了洁白的桌布。星空中笼罩着山案座的星云刚好与地球上桌山山顶常年弥漫的云雾相映成趣，而这云雾背后则藏着一个荷兰人的传说。

　　住在桌山脚下的扬·范·胡克斯是个老烟枪。他成天坐在山坡上，端着心爱的烟斗吞云吐雾。一天，有个陌生人路过，提议跟他来一场抽烟比赛。范·胡克斯听了，骄傲地大笑起来，他认为自己必胜无疑，却不知道跟他打赌的正是魔鬼本人。他们两个抽了一袋又一袋，把一大堆烟叶子都抽完了，直抽得四周烟雾缭绕，两人只能够看见自己的烟斗。不出荷兰人的预料，不自量力的陌生人果然撑不住了，可是当这个抽得晕晕乎乎的挑战者跟跟跄跄地走下山坡时，他头上的帽子掉了下来，范·胡克斯终于看清了他的真面目。这个荷兰人还没来得及庆祝胜利，恼羞成怒的魔鬼就拍了拍巴掌把他带走了。可是他们吐出的烟雾还留在原地，变成了桌山上空的一大片云。而他们坐着比赛的那个山头也因此得名"魔鬼峰"。

1. 科萨人，南非民族，主要聚居在南非开普敦省东部。

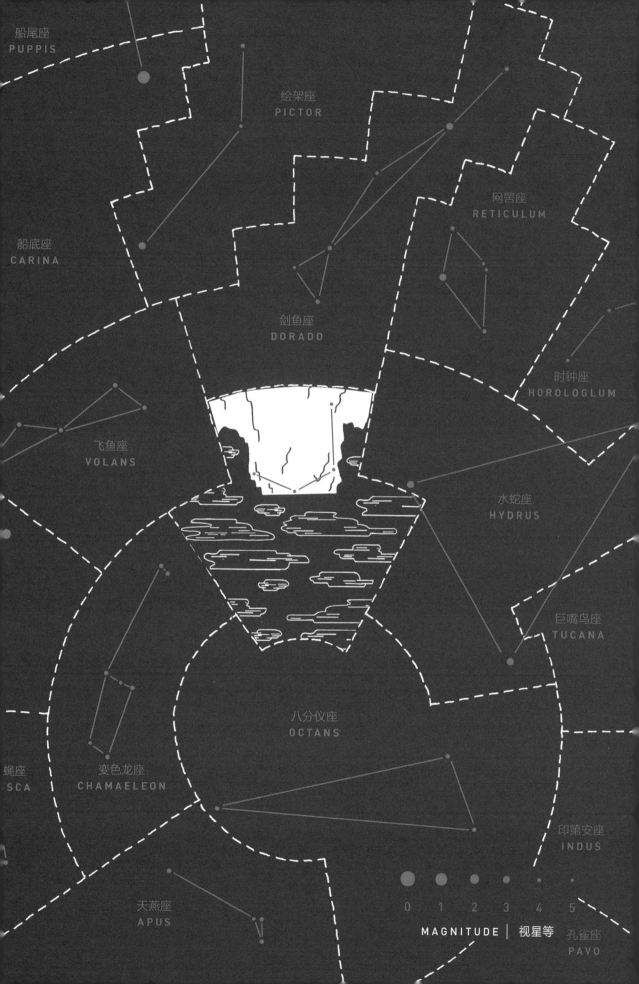

船尾座
PUPPIS

绘架座
PICTOR

网罟座
RETICULUM

船底座
CARINA

剑鱼座
DORADO

时钟座
HOROLOGLUM

飞鱼座
VOLANS

水蛇座
HYDRUS

巨嘴鸟座
TUCANA

八分仪座
OCTANS

蝇座
SCA

变色龙座
CHAMAELEON

印第安座
INDUS

0 1 2 3 4 5

MAGNITUDE │ 视星等

天燕座
APUS

孔雀座
PAVO

Microscopium

Mic/Microscopii

The Microscope

显微镜座

形　　象_	显微镜
缩写 I 拉丁名_	**Mic**
属格 I 拉丁名_	**Microscopii**
体量等级_	66
星　群_	无

　　这又是刻板的**拉卡伊在**18世纪50年代以启蒙时代的科学发明命名的一个星座。天上的显微镜座像它留名史书的创造者一样，颇有些学究气。与其他由这位法国天文学家定义的星座类似，构成这个星座的绝大多数五等星都很难用裸眼直接观察到，正如在地球上使用显微镜也很难看清阿米巴原虫。

　　既然我们已经称谈过星空中这件星座仪器所代表的精妙之处，不妨利用这个机会了解一下当今星空划分的方式。考古发现，人类记录星空的历史至少可以追溯到17300年之前。法国南部的拉斯科岩洞壁画就包含一些与天文学有关的内容，人们一直相信它们描绘的是昴宿星团与毕宿星团，然而，直到1928年，人类才正式确认其绘制方法。

　　"星座"和"星群／星组"原本是非常相似的概念：它们都是根据一组星体构成的形状而定义的，并由口头传说延续下来。公元150年，古希腊天文学家**托勒密**记录下彼时已知的上千颗星星，并把它们划分为48个星座——这部具有重大意义的著作日后被阿拉伯学者们冠名为《天文学大成》（*Almagest*）。此后西方的天文学家们便一直追随他的脚步，一旦发现新的天体——不论发现者是16世纪的荷兰探险家，还是18世纪的波兰、法国或德国科学家——都会以特定的形状把它们组成星座（哪怕它们的形状跟名称一点也不符）。然而，有趣的是，在许多非西方文明中——比如澳大利亚的原住民文化——天文学上星座的界定并不遵循"连点成线"的逻辑。

　　到了20世纪，天体观测领域的发展已经远远超越了古老时代的神话体系。现代人发现的天体数量实在过于庞大，因此需要用更加清晰的体系来记录。更何况早期制图家们在星图中标记的星座区域划分在今日看来不仅杂乱无章，而且还有不少前后矛盾之处。1922年，国际天文学联合会（IAU）召开了第一届会议，界定了今日使用的88个星座。6年之后，比利时天文学家**尤金・德尔波特**绘制了一份由IAU认证的星座边界图，此后天球上星座的划分就一直遵循着这个标准。

　　如此一来，最为官方的天文学示意图上只标记着IAU界定的边界线。那些古老的动物、英雄与神祇皆消失得无影无踪，就连拉卡伊先生所用的那些看上去没啥想象力的科学器材也在太空中不见了踪迹。

Monoceros

Mon/Monocerotis

The Unicorn

● ●

麒
麟
座

形　　象_	独角兽
缩写Ⅰ拉丁名_	Mon
属格Ⅰ拉丁名_	Monocerotis
体量等级_	35
星　　群_	无

　　"根本就没有独角兽这种东西，你这个笨蛋，"她的哥哥坏笑着说道，"也没有圣诞老人。《爱丽丝梦游仙境》这样的书里才有独角兽，而圣诞老人是资本家编出来的。"他说后半句的时候格外带着点骄傲劲儿。

　　贝蒂嫌恶地看着哥哥大嚼手里的"银河"牛奶巧克力棒。他甚至连乘法表都背不下来，每次妈妈在车里考他的时候，还得靠爸爸通过后视镜偷偷用口型告诉他答案。可是一想到哥哥的巧克力马上就要吃光了，圣诞袜里的礼物也拆得差不多了，而她才不紧不慢地拆开一件——里面是一只粉色的闪闪发光的小马宝莉——她不由得又高兴了起来。因为她还有好多礼物没有打开，而他只能空着手傻瞪眼了。

　　"独角兽当然是存在的呀，"她平静地说，"古代的印度人和中国人都认识这种动物，3500年前就有它们和狮子打斗的画像了。中世纪的挂毯甚至会教你怎么捉住独角兽。你只需要找一个叫'处女'的东西，然后害羞的独角兽就会悄悄溜出来，把脑袋搭在她的大腿上。她会抚摸它的脑袋，哄它睡觉，这样人们就能抓住它了。这就是所谓的异端和生殖……"

　　而她的哥哥早就吃光了巧克力棒，嘴巴闲得难受，立刻准备抓住这个插话的时机。

　　"生殖崇拜，"她飞快地把后半句话说完，"还有魔法与爱情。后来基督教把独角兽从异教徒那边偷走了，他们说它是耶稣，而那个处女就是马利亚，说来说去还和什么受难扯上了关系——这个词儿听起来有点像百香果[1]，不过那条中世纪挂毯

1. 耶稣受难（以及圣徒受难）被称为 The Passion，因此贝蒂才会想到百香果（Passion Fruit）。

上画的是石榴。还有呢，傻瓜，《爱丽丝镜中奇遇》里那首关于葡萄干面包和独角兽的儿歌讲的是真实历史上英格兰和苏格兰打过的一场仗。白金汉宫上的狮子和独角兽就是那么来的。[2]"

　　"如果你还是不肯相信真的有独角兽的话，"小姑娘用确信无疑的语气说道，"你就拿望远镜看看天上好了。那里就有一只独角兽，不过它的名字是麒麟座[3]，因为这些天上的动物都得用拉丁名。你能清楚地看见它的独角，那是2700光年之外气体与尘埃拧成的螺旋。更神奇的是，这只角里能变出真的恒星来，它们就像圣诞树上漂亮的星星，所以人们才叫它圣诞树星团。

　　"明白了吧，木头脑壳？独角兽是真的，没准儿圣诞老人也是真的呢！"

　　这下她哥哥彻底没话说了。

2. 狮子是英格兰纹章上的持盾兽，独角兽则是苏格兰纹章后的持盾兽，1603年，詹姆士一世即位后，二者共同构成了英国的象征。

3. 麒麟座又名独角兽座，原名为"Monoceros"，为拉丁文的"一角兽"（同时也指犀牛）。

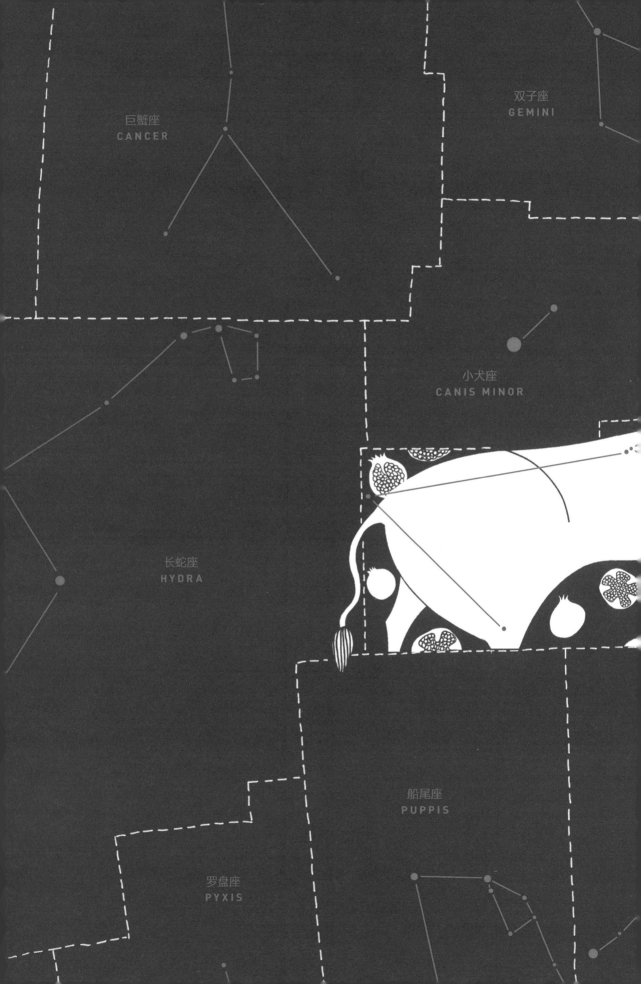

巨蟹座
CANCER

双子座
GEMINI

小犬座
CANIS MINOR

长蛇座
HYDRA

船尾座
PUPPIS

罗盘座
PYXIS

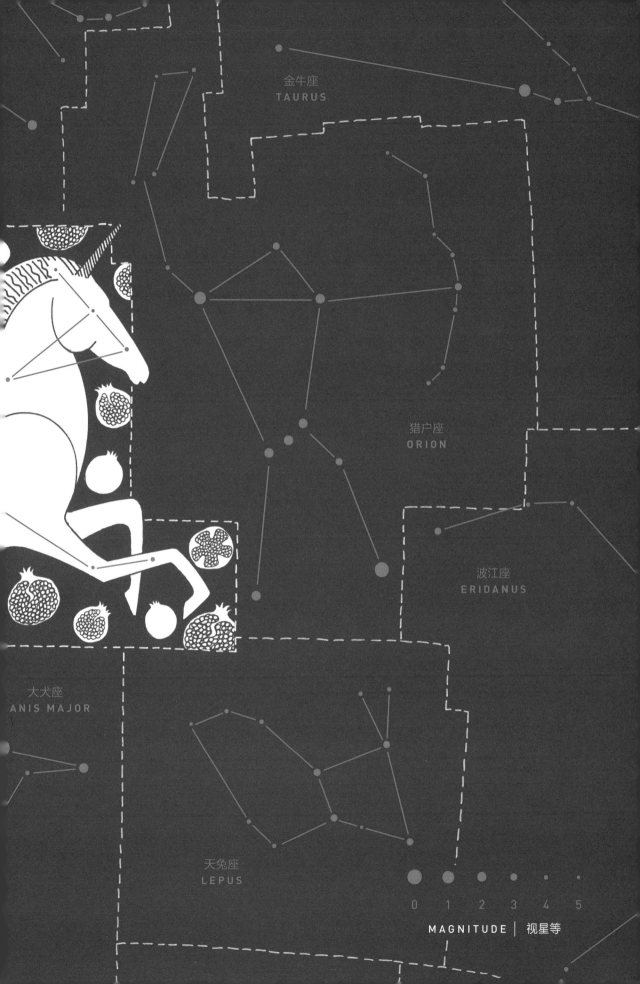

金牛座
TAURUS

猎户座
ORION

波江座
ERIDANUS

大犬座
ANIS MAJOR

天兔座
LEPUS

0 1 2 3 4 5

MAGNITUDE │ 视星等

Musca

Mus/Muscae

The Fly

苍蝇座

形　　象_	苍蝇
缩写 I 拉丁名_	**Mus**
属格 I 拉丁名_	**Muscae**
体量等级_	77
星　　群_	无

　　苍蝇是逮不住的。它们哪里都能去，甚至在星空的缝隙中都藏着苍蝇的身影，虽然天上那只本应是蜜蜂。

　　发现这只苍蝇的是16世纪晚期的荷兰探险家**彼得·迪克索恩·凯泽**与**弗雷德里克·德·豪特曼**，这个苍蝇座是他们在第一次东印度航行（当时叫作"Eerste Schipvaart"）中观察到的南半球星座之一。1595年，这支由四艘船组成的舰队离开荷兰，凯泽是其中两艘船——"霍兰迪亚"号和"毛里求斯"号——的首席领航员。他曾受天文学家兼制图家**皮特鲁斯·普兰修斯**的教导，从后者那里学到的天文学知识帮助他填补了南天极星空图的空白。舰队航行到马达加斯加时已经失去了近三分之一的船员，致死原因主要是败血症。被漫长的旅途折腾得疲惫不堪的船队决定原地停泊休整，他们在马达加斯加停留了几个月。在这段时间里，凯泽——据航海日志的记载——"在科学中找到了慰藉"。他站在桅杆上瞭望台里，摆弄着普兰修斯送给他的天文器械——可能是一台十字测天仪或者一只星盘——"他修正已有的星座的位置，观察新的星座，扩充了天文学知识。"

　　除了这些记录，人们对这位勇敢的航海家知之甚少。1596年，船队到达巴塔姆（今日的爪哇岛万丹省）之后不久，他便撒手人寰了。但是，他协同德·豪特曼记录下的星座被平安带回了阿姆斯特丹，交到了普兰修斯手中。这位天文学家在1598年的天球仪上标记了这些星座，唯独没有为这个星座标上名称。虽然德·豪特曼把它记作"De Vlieghe"（荷兰语的"苍蝇"），德国天文学家**约翰·拜耳**却对这只捷足先登的苍蝇一无所知。他将十二个新发现的南天星座添到自己1603年的《测天图》（当时世界最完善的星图）上时，把这个星座标成了"Apis"——拉丁语的"蜜蜂"。而普兰修斯呢，哪怕他的竞争对手——另一位荷兰制图家威廉·扬松·布劳——已经在1602年的天球仪上给那个带翅膀的小家伙冠上了标准的拉丁名"Musca"（苍蝇），这位扁平足的天文学家还是死活不肯松口。直到1612年，他才终于承认了那只小苍蝇——但只用它的希腊名：Muia。虽然普兰修斯改变了对这个星座的态度，然而在往后几百年的时间里，它还是以蜜蜂的形象广为人知，也曾被称为"南蝇座（Musca Australis）"（有过一个"北蝇座"与之相对，现已被取消）。可是，不管怎么说，最后这个星座的形象还是变回了苍蝇。

　　苍蝇不就是这样吗？你赶都赶不走。

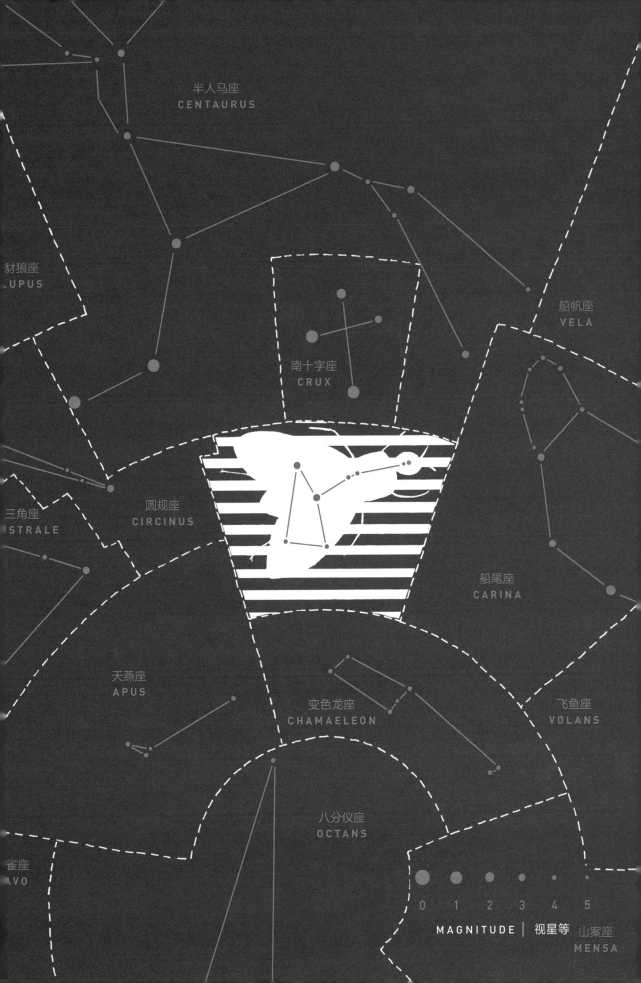

半人马座
CENTAURUS

豺狼座
LUPUS

船帆座
VELA

南十字座
CRUX

圆规座
CIRCINUS

三角座
STRALE

船尾座
CARINA

天燕座
APUS

变色龙座
CHAMAELEON

飞鱼座
VOLANS

雀座
AVO

八分仪座
OCTANS

MAGNITUDE | 视星等

0　1　2　3　4　5

山案座
MENSA

Norma

Nor/Normae

The Set Square

矩尺座

形　象_	三角板
缩写I拉丁名_	**Nor**
属格I拉丁名_	**Normae**
体量等级_	74
星　群_	无

　　我第一次在现场看莫扎特的歌剧《魔笛》的时候感觉特别没劲。当然，那些昂贵华丽的服装与布景还是很有意思的，可英国国家歌剧院这部不断重复编排上演的歌剧本身却不够吸引人，它荒谬的剧情和中心思想在我看来都没什么说服力。可是，第二次看的时候，我却被深深地迷住了——可能是因为我上了年纪，感情没有以前那么细腻，所以歌剧那诡辩的逻辑看起来也就没那么扎眼了。这部称颂共济会美德[1]的幻想题材"歌唱剧"[2]已然不是印象里的那般荒诞不经。此时的（距离买站票的我非常遥远的）舞台上呈现的是鲜活的魔法、道德与怪物；是璀璨明星阵容表演的非凡传奇。

　　而"诺尔玛（Norma）"——我指的是矩尺座，不是贝里尼的歌剧[3]——与它恰恰相反，不过是平凡之物。只不过历史上对其具体的形象还稍微存在着一些分歧——它可以是制图员用的尺子，也可以是测绘员的标尺，还可以是造船木匠用的三角尺。然而，不论这把尺子上蕴藏着多少和远航探索相关的暗示，它终究只是拉卡伊放在星座工具箱里的一件科学器具，没什么神奇之处。

　　我一直都是这样认为的，直到后来我想到了另一种可能。这位18世纪的天文学家一定要把矩尺座放在他定义的另一个星座即圆规座旁边，或许别有深意：三角矩尺和圆规组合起来，刚好构成共济会的标志。拉卡伊是有意在星空中留下一个共济会标志吗？至少他的社交圈子让人很容易往那个方向联想——他最有名的两位学生让·西尔万·巴伊与安托万·拉瓦锡都是共济会的成员，而他的同事热罗姆·拉朗德（日后巴黎天文台的台长）不仅一直是活跃的成员，还创建了名为"九姐妹"的分会（les Neuf Soeurs）[4]。当时许多思想家都是共济会成员，作曲家就更

不必说了。

　　与法国高等学府一样，英国皇家学会（国家科学院）里也有大量的共济会成员。皇家学会代表着跨越国界的对不可知之物的神秘渴求，又保持着对科研事业的热爱与献身精神，被称为"超凡的启蒙"。虽然它崇尚智慧与道德（拉卡伊正是因为品行正直而广受赞誉），18世纪的共济会盛行的依然是神秘主义：这恰好为星空密语的解读提供了滋生的土壤。或许歌颂秘密组织的美德的歌剧也是由此而生的。这样想来，矩尺座和莫扎特那部共济会杰作之间的关联可能远远超乎我的想象呢。

---

1. 许多学者认为《魔笛》与"共济会"有很大关联。莫扎特于1785年左右加入共济会，并且创作过一些明确为共济会而作的音乐作品。

2. *Singspiel*，一个与意大利语的"歌剧"对照的德语概念，当时用来特指使用德语表演的音乐戏剧，今日则被视为歌剧的一种。这些"歌唱剧"以浪漫剧或喜剧题材为主，并且往往涉及与幻想和魔法相关的内容。

3. 《诺尔玛》是意大利作曲家文森佐·贝里尼（Vincenzo Bellini，1801—1835）创作的歌剧，讲述了公元前50年罗马征服高卢之后高卢人的德鲁伊教女祭司诺尔玛（Norma）与罗马总督波里昂（Pollione）之间的爱情悲剧。

4. 所谓的"九姐妹"指的是记忆女神的女儿们，九位保护科学与艺术的缪斯女神，也是法国文化界重要的象征。

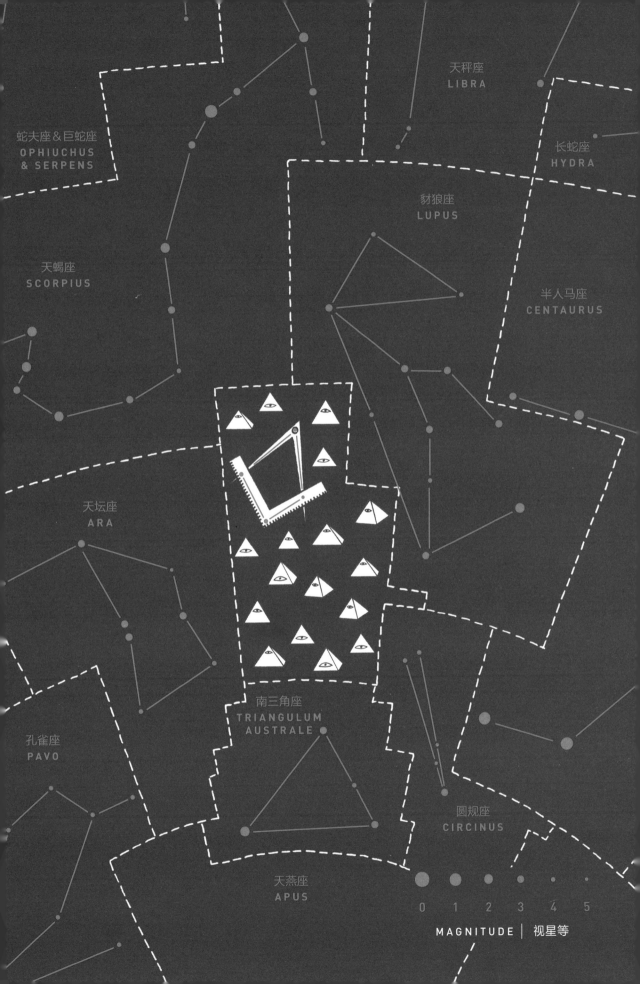

Octans

Oct/Octantis

The Octant

八分仪座
一

形　象_	**八分仪**
缩写I拉丁名_	**Oct**
属格I拉丁名_	**Octantis**
体量等级_	50
星　群_	无

八件由八分仪想到的事

1. 为了构造这只天上的导航仪——它稳稳当当地占据着南天极的位置——其命名者**尼古拉·路易·德·拉卡伊**不得不从原本就十分不起眼的小水蛇（水蛇座）那里偷了几颗星星。

2. 八分仪由镜片反射光线，观测角度是星体在地平线投影角度的两倍。而八分仪刚好同时有两位发明者：一位是来自伦敦布鲁姆斯伯里的英国数学家约翰·哈德利（1682—1744），另一位则是来自美国费城的玻璃工托马斯·戈弗雷（1704—1749）.

3. 出于某些未知的原因，因彗星而闻名的埃德蒙·哈雷（1656—1742）虽然知道一些关于**牛顿**发明的早期八分仪的细节，却终其一生对这件实质上的世界上第一台八分仪闭口不谈，一直把那些信息带进了坟墓。

4. 千万不要把这个词（Octant）和八度音阶（octave）、八重唱（octet）、八边形（octagon）或者八爪鱼（octopus）搞混了。

5. 八分仪是六分仪的前身。六分仪的角度是一个圆的六分之一，八分仪则是四十五度——就像它的拉丁名原意一样，是一个圆的"八分之一"。

6. 维京人当然没有八分仪，但是他们会用水晶石来测量太阳的位置，再依据口口相传的天文学经验计算航向。

7. 在埃及神话中，"八元神（Ogdoad）"是八位创世之神（其中四位男天神，四位女天神），他们从原初之水中创造了一颗蛋，太阳神阿吞便是由这颗蛋中诞生的。当然，这个故事和八分仪座没有关系（谁让它是拉卡伊的无神话星座之一呢），也和八分仪没有关系。

8. 1949—1950年，隐藏身份的CIA特工道格拉斯·麦基尔南穿越了塔克拉玛干沙漠和冬季的喜马拉雅山区。为了确认罗盘是否还在正常工作，他甚至用相机镜头自制了一台八分仪。最后在接近西藏边境时，被人射杀在雪地里。

1. 通常又称南极座。

南十字座
CRUX

苍蝇座
MUSCA

船底座
CARINA

飞鱼座
VOLANS

变色龙座
CHAMAELEON

山案座
MENSA

天燕座
APUS

水蛇座
HYDRUS

孔雀座
PAVO

印第安座
INDUS

巨嘴鸟座
TUCANA

0 1 2 3 4 5

MAGNITUDE | 视星等

Ophiuchus&Serpens

Oph/Ophiuchi, The Serpent Bearer

Ser/Serpentis, The Serpent

蛇夫座
巨蛇座
&

形　　象_	弄蛇人 & 巨蛇
缩写 l 拉丁名_	Oph & Ser
属格 l 拉丁名_	Ophiuchi & Serpentis
体量等级_	11/23
星　　群_	波兰公牛

对方撒旦听了愈加气愤，
毫不惧怕地毅然站立在那里，
好像北极空中燃烧着的彗星，
纵火烧遍巨大的蛇星座的长空，
从他的怒发上抖落瘟疫和杀气。
　　——约翰·弥尔顿，《失乐园》[1]

　　那位由人转神的**阿斯克勒庇俄斯**是医药与治疗之神，手中擎着庞大的**巨蛇**。他的生父是太阳神**阿波罗**，母亲则是美丽的**科洛尼斯**——因这位不婚的神祇而怀孕的诸多凡人女子之一。不幸的是，阿波罗自己四处留情，却不允许情人们不忠。他养了一只白乌鸦监视自己的"战利品"，还有她腹中的孩子。而迷人的科洛尼斯的确移情别恋了，对象是一个比阿波罗靠谱得多的凡人，名叫伊斯库斯。

　　乌鸦第一时间回到主人身边，向他报告了这个坏消息。阿波罗气得头昏脑涨，只想找人撒气，早就把什么"不斩来使"忘在了脑后：他劈头盖脸地咒骂倒霉的乌鸦，直到它一身雪白的羽毛变得漆黑，此后也长不出白羽毛了。阿波罗虽然嫉妒，却不忍心亲手报复科洛尼斯。于是他把这件勾当留给了自己的妹妹狩猎女神**阿尔忒弥斯**。狩猎女神拉开强弓，对科洛尼斯射下了一阵致命的箭雨。凡人们悲切地哀悼丧生箭下的科洛尼斯。直到她的家人把尸体放上火葬的柴堆，浓烟与烈焰逐渐升起，阿波罗才从狂怒中骤然醒悟。追悔莫及的他冲上火堆，撕开爱人被火焰吞噬的血肉，从子宫里抱出了一个哭号的男婴。

　　阿波罗把儿子阿斯克勒庇俄斯交给睿智的半人马**喀戎**抚养。没有人比喀戎更了解如何教养男孩了：他养育过众多伟大的英雄，其中就有**埃涅阿斯、伊阿宋、珀尔修斯、赫拉克勒斯、阿喀琉斯**和**埃阿斯**，他把狩猎、音乐、医药和预言的技艺传授给这些男孩。不过，他可能把丧母的阿斯克勒庇俄斯教得太好了一点，这孩子的医术甚至达到了能使死人复活的程度。他从死亡线上抢回了无数条生

1. 见朱维之译本。

命，比如格劳克斯、希波吕托斯和**廷达瑞俄斯**（卡斯托尔的凡人父亲），因此触怒了冥王**哈迪斯**。这个长着胡子的治疗师到底是何许人也？他又为什么总是把原本属于他的灵魂偷走？于是他忍不住向兄弟**宙斯**小小地抱怨了一下，叫宙斯用雷电劈死了可怜的阿斯克勒庇俄斯。这再次激怒了阿波罗，他连杀了三个独眼巨人作为对宙斯的报复。为了平息这场众神之间的家务纠纷，宙斯把阿斯克勒庇俄斯提升到天界，给了他永恒的生命，还有他一直抱在怀里的巨蛇座。

希腊语"蛇夫座（Ophiuchus）"有"辛劳"的意思，在古希腊作家阿拉托斯与马尼留看来，那条蛇正紧紧地箍在阿斯克勒庇俄斯身上。至于他为什么在星空中被描绘成奋力抓着蛇——他的工具兼力量象征——的模样就不得而知了。若说蛇与这位治疗师有何关联的话，其渊源就不只是蛇的蜕皮象征重生这一点了。阿斯克勒庇俄斯起死回生的方法正是从蛇身上学来的。**米诺斯王**的儿子格劳克斯失足坠入一坛蜂蜜，窒息而死。阿斯克勒庇俄斯试图救治，结果却只是徒劳。当时刚好有一条蛇从草丛中向医师爬来。他不假思索地用手杖打死了那条蛇，却惊奇地发现另一条蛇衔着药草出现，将那片神奇的叶子放在同伴的尸体上，死去的那条蛇就很快复活了。阿斯克勒庇俄斯学着它的样子治疗格劳克斯，那孩子果然奇迹般地死而复生了。正是因为这个典故，阿斯克勒庇俄斯的双蛇杖在今日成了医疗界世界性的象征，更是应急服务机构的标志。

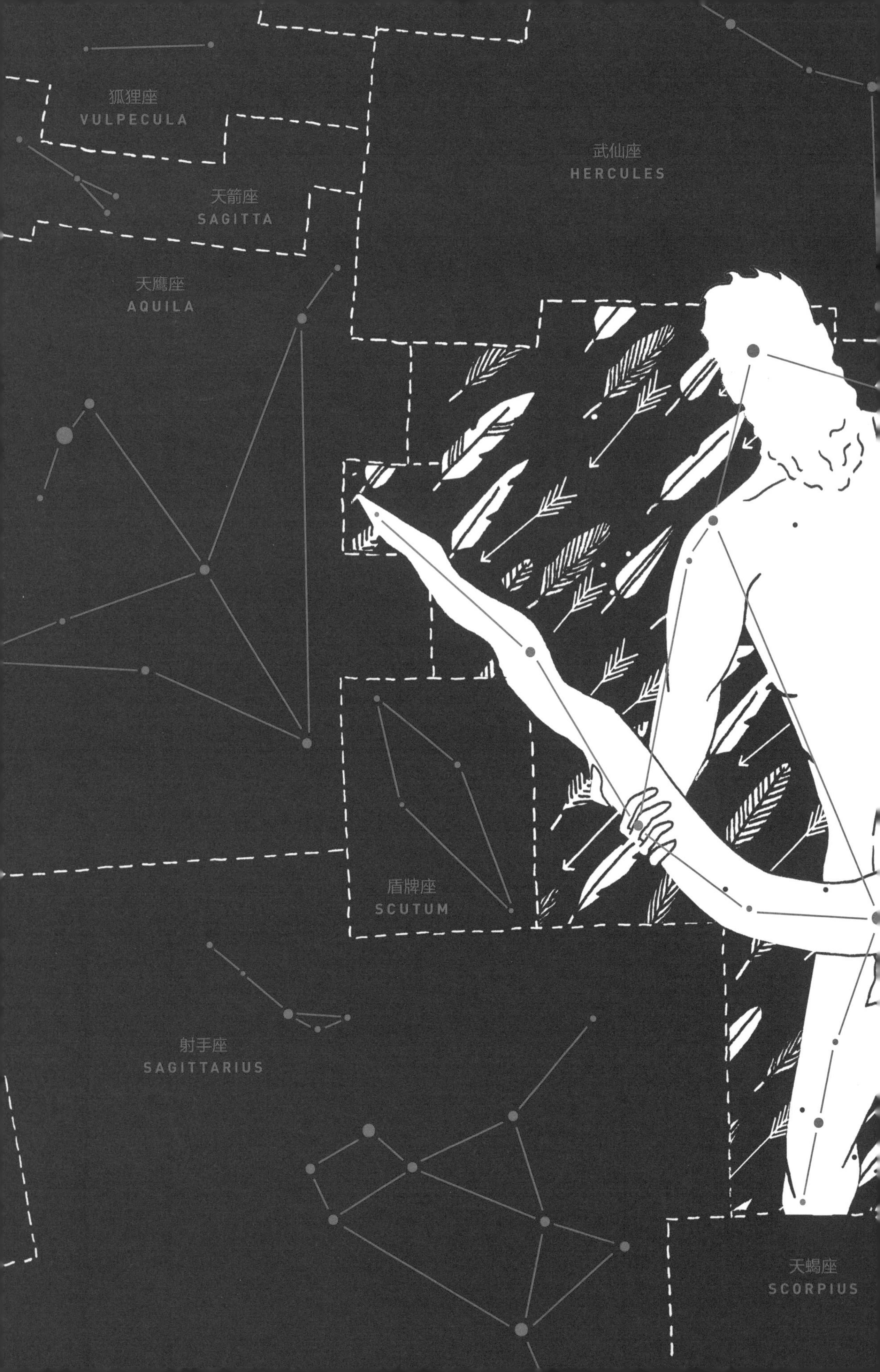

狐狸座
VULPECULA

天箭座
SAGITTA

天鷹座
AQUILA

武仙座
HERCULES

盾牌座
SCUTUM

射手座
SAGITTARIUS

天蝎座
SCORPIUS

牧夫座
BOÖTES

室女座
VIRGO

天秤座
LIBRA

豺狼座
LUPUS

0 1 2 3 4 5

MAGNITUDE │ 视星等

Orion

Ori/Orionis

The Hunter

猎户座

形　　象_	**猎人**
缩写丨拉丁名_	**Ori**
属格丨拉丁名_	**Orionis**
体量等级_	**26**
星　　群_	猎户腰带、蝴蝶、天空之G、耙子、短剑、三国王、维纳斯的镜子、冬季八边形、冬季大椭圆、冬季大三角

白天越来越短了，随处可见南瓜和烟火，巨大的猎户俄里翁也在星空中出现，大犬座与小犬座跟在他脚边——应该是这样吧。小时候的我总是忙着用烟火棒在夜空中划出自己的名字，所以几乎注意不到天上猎户座那闪闪发亮的腰带。就像维多利亚时期的作家托马斯·卡莱尔在作品中质问的那样："为什么没人教我这些星座的知识，让我在星空中找到回家的感觉呢？它们总是在我的头顶上空待着，其中的一多半我至今都不认识。"

过去，母亲们唱着摇篮曲把星星的知识教给孩子们。我多希望当年自己躺在那张贴满贴纸的小床上时，我的保姆能给我讲讲猎户座腰带的秘密呀：猎户座星云里藏着的可不只有恒星，还有一整个星系。哪怕讲讲参宿星官的事情也好啊，这个星官的东方故事和西方天文学有着少见的联系，因为中国人也在这些星星里看到了天空中围猎的勇士。我做过一整期关于因纽特人的项目，我怎么会不知道因纽特人也在夜空中看到了追捕猎物的猎手？为什么我那来自新西兰的互惠生没有给我讲毛利人传奇中的先祖塔玛雷雷地和他的独木舟的故事呢？为什么我那来自挪威的保姆不拿托尔弄断奥鲁凡迪尔冻僵的脚趾并把它扔进星空的故事来吓唬我呢？

当有人给我推荐蒂姆·伯顿1988年的那部惊悚喜剧时，我完全不知道片中那位诡计多端的男主角的名字正是在向那颗变化莫测的红超巨星——参宿四（Betelgeuse）[1]——致敬，也不知道这颗恒星正位于那猎户的右肩膀上。虽然

参宿四被标为猎户座的 α 星，它却不是这个星座中最亮的。猎户座的明星实际上是参宿七（Rigel）[2]，可是这颗被托勒密称为"左腿上的亮星"的恒星却被标成了猎户座 β。而坐在猎户座肩上的参宿五（Bellatrix）[3]——这颗超巨星也被称作"亚马孙之星"——实际上是一位英姿飒爽的女战士，我却不曾听人说起过这个激动人心的事实。

直到长大成人，我才知道这个星光闪烁的猎人正是苏美尔人的大英雄乌鲁·安-纳（这个名字的含义是"天堂之光"）的后裔，是与天界的公牛搏斗过的吉尔伽美什。时至今日，他还在对冲锋而来的金牛挥舞着狮皮和大棒。我也学会了在那个星座中发现另一位远古英雄赫拉克勒斯（武仙座）的痕迹。这位身披荣光的巨人——这个夜空中最醒目的星座——背负着那么多神奇的故事，我得花好几个童年才能将它们一一听完。

1. 作者此处提到的电影是1988年上映的惊悚喜剧《阴间大法师》（*Beetlejuice*），其中来自冥府的魔法师名叫Betelgeuse（但是因为读音相近而被称为"Beetlejuice"）。

2. 这个名字来源于阿拉伯语的"rijl"，意为"脚"。

3. "Bellatrix"这个词在拉丁语中的含义就是"女性战士"。

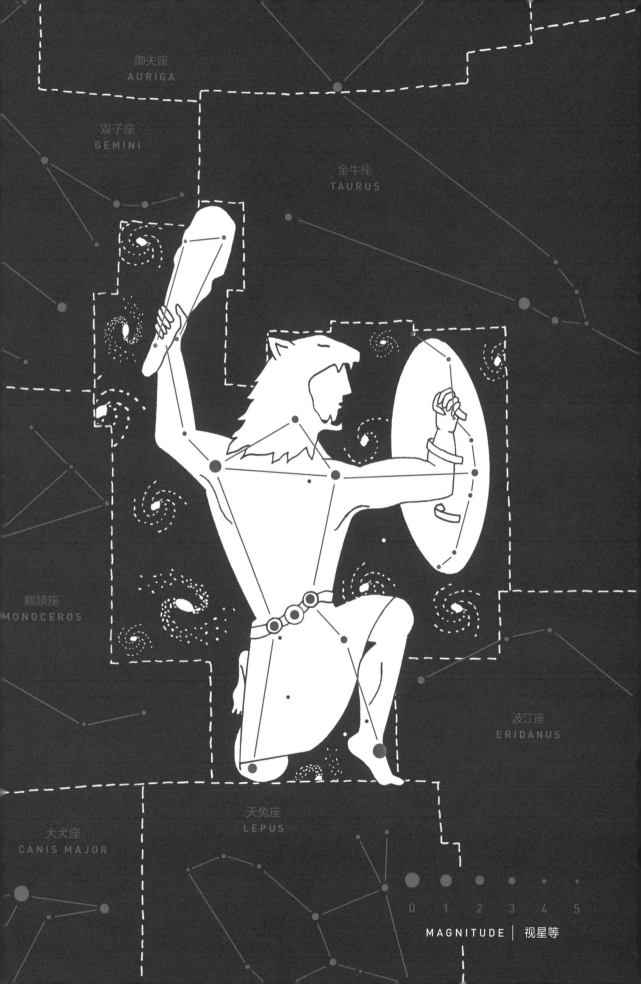

御夫座
AURIGA

双子座
GEMINI

金牛座
TAURUS

麒麟座
MONOCEROS

波江座
ERIDANUS

天兔座
LEPUS

大犬座
CANIS MAJOR

0 1 2 3 4 5

MAGNITUDE | 视星等

Pavo

Pav /Pavonis

The Peacock

孔雀座

形　　象_	孔雀
缩写 l 拉丁名_	Pav
属格 l 拉丁名_	Pavonis
体量等级_	44
星　群_	无

朱诺的孔雀张着星辰万点的长尾[1]。
——奥维德，《变形记》第十五章

　　朱诺的日子不太顺心。虽然（或者说正是因为）她身为掌管婚姻的女神以及所有罗马妇女的主母，**朱庇特**这位饱受冷落的贤妻把绝大多数时间都用在对付丈夫的出轨上了，然而指责和非议却往往都落在她的身上。在（称她为"赫拉"的）希腊人口中，这位女神一直是个睚眦必报的怨妇形象，**维吉尔**更是把她描写得既野蛮又冷酷、永远怀恨在心，**埃涅阿斯**经历的所有坎坷也都变成了她的错。当然，她施加在那些为宙斯生育了子嗣的情人身上的报复的确分了一些。（大熊座的群星见证了她对可怜的**卡利斯托**的所作所为，而金牛座正是她对无辜的**伊俄**严厉过头的惩罚。）所以，当代作家把这位备受诟病的女神当作家庭不和的象征也就不足为奇了。在肖恩·奥凯西的剧作《朱诺与孔雀》中，作家把那则关于婚姻不顺的神话巧妙地转化成了20世纪20年代凡人的悲剧，故事里那个挤在都柏林贫民窟公寓里的家庭因内战与动荡而分崩离析。好在2007年的电影《朱诺》颠覆了古已有之的道德教条，用出人意料的圆满结局把一丝希望留给了意外怀孕的女子和注定没有结果的恋情。

　　不管还有多少麻烦事等着她，朱诺至少还可以坐着孔雀拉的战车在天界往返。荷兰航海家**凯泽**与**德·豪特曼**在

把这只威风凛凛的孔雀放入南半球星空时心里很清楚：它是朱诺的神鸟。如果您对伊俄的故事还有点印象，那么您一定还记得护卫朱诺的那位百眼巨人**阿尔戈斯**（她确实需要这么一位手下）。神使**墨丘利**（我在那个故事里用的是他的希腊名字**赫尔墨斯**）在朱庇特的授意下杀死了他，朱诺就把巨人的一百只眼睛安放在了孔雀的尾羽上。不过，我想，除了这个病理性传说，应该还有其他理由能够解释这种鸟和那位任性的女神之间千丝万缕的联系。

　　一天，一位小女孩（比如曾经的我）正在公园里隔着栏杆观赏孔雀，却无比失望地发现漂亮的孔雀都是雄孔雀，而雌孔雀是一旁那群灰不溜丢的家伙，她们正啄着你五分钟前还激动地扔给彩虹般绚丽的雄孔雀的面包屑。

　　如今我看到孔雀的时候——虽然多半是在网上看——总是会想到朱诺，想到她如何凝视着丈夫四处招摇，处处留情，勾引年轻貌美的姑娘。

1. 见杨周翰译本。

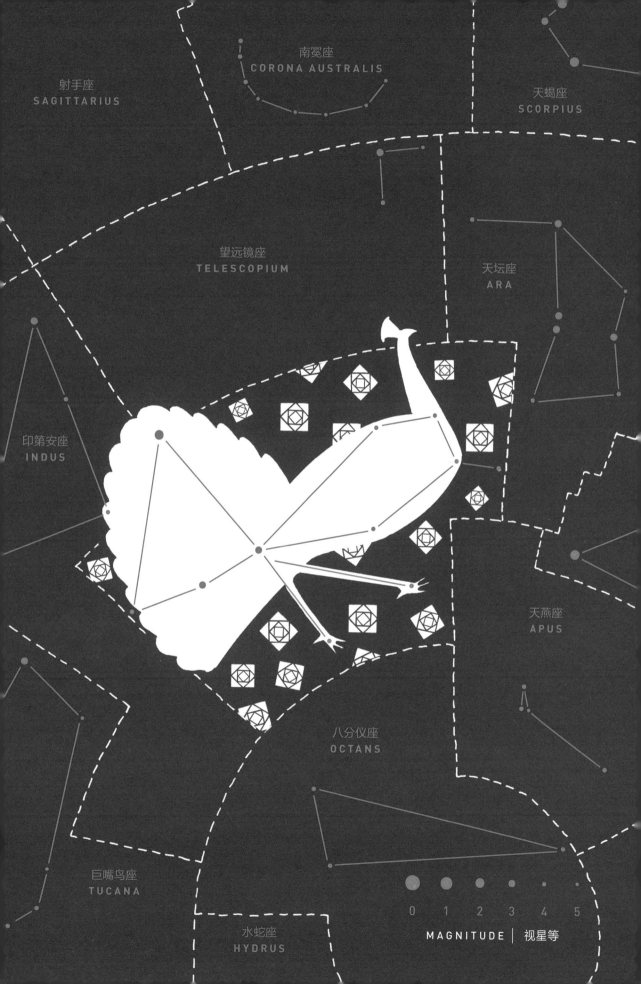

南冕座
CORONA AUSTRALIS

射手座
SAGITTARIUS

天蝎座
SCORPIUS

望远镜座
TELESCOPIUM

天坛座
ARA

印第安座
INDUS

天燕座
APUS

八分仪座
OCTANS

巨嘴鸟座
TUCANA

水蛇座
HYDRUS

0 1 2 3 4 5

MAGNITUDE | 视星等

Pegasus

Peg/Pegasi

The Winged Horse

<table>
<tr><td>形　　象_</td><td>飞马</td></tr>
<tr><td>缩写 l 拉丁名_</td><td>Peg</td></tr>
<tr><td>属格 l 拉丁名_</td><td>Pegasi</td></tr>
<tr><td>体量等级_</td><td>7</td></tr>
<tr><td>星　　群_</td><td>棒球场、秋季四边形、北斗</td></tr>
</table>

飞
马
座

是什么把达夫妮·杜穆里埃[1]、**美杜莎**、诺曼底的一座桥梁、驯马的耳语、英国伞兵、**波塞冬**与**约翰·济慈**联系在一起的？我想，您应该已经猜到了吧，答案就是天上的星星。

现在是 9 月吗？是不是到了午夜时分？如果是的话，就请您走到外面看一看星空吧。请您先找仙女座头顶那颗蓝白色的恒星（仙女座 α）。找到了吗？太好了！这颗亮星曾经得名"茜拉（Sirrah）"，阿拉伯语中"肚脐"的意思，它就在我们寻找的那只生物的肚脐上。从这一点开始向西平行地画一条直线，直到看见一颗深黄色的恒星——飞马座 β，它曾经被叫作"舍伊特（Scheat，胫骨）"或者"曼基布（Menkib，马肩）"[2]。再向南画一条线，连上飞马座 α（Markab，马鞍）[3]。然后向东直走连到飞马座 γ，它也叫"阿尔戈尼布（Algenib，身侧）"[4]。从这颗星再向北走，您就能回到起点"茜拉"——现在俗称"仙女星（Alpheratz）"[5]的仙女座 α。这样就画完了组成飞马座的"大方块"星群，找到了我们寻找的有翼飞马珀伽索斯。它的脖子是飞马座 ζ，即"荷幔（Homam）"[6]，这个名字意为"马语者"，它会让人想到远古时代用来驯服野马的神秘魔法。如果您找到了黄色的超巨星飞马座 ε，即危宿三（Enif，鼻子），那么您就找到了飞马的鼻子，上面可能套着**雅典娜**在梦中交给英雄柏勒洛丰用以驯服此神马的金马勒。手执长枪的柏勒洛丰正是骑着珀伽索斯腾空而起，击杀了可怕的奇美拉，那只狮头－羊身－蛇尾的喷火怪物。

1941 年，英国伞兵部队首次服役时，他们的指挥官"小子"佛里德里克·布朗宁中将就选择了柏勒洛丰这位古老的空中英豪的形象作为第一空降师制服袖子上的标记。3 年后，佩戴此袖章的第六空降师抢占了卡昂运河上的一座重要桥梁。在诺曼底登陆战的初始阶段，占领这座桥梁是代号为"死杆"的行动中最关键的一步，此桥也因此改名为"飞马桥（Pegasus Bridge）"。至于到底是谁设计了那个图章——红褐色背景上浅蓝色的柏勒洛丰骑着珀伽索斯飞行——则存在

1. Daphne du Maurier（1907—1989），英国作家，她的许多作品都曾被改编成电影，最知名的代表作是《蝴蝶梦》（*Rebecca*）。
2. 这两个名称对应的飞马座 β 中文名称是室宿二。
3. 对应的中文名称为室宿一。
4. 对应的中文名称为壁宿一。
5. 对应的中文名称为壁宿二。
6. 对应的中文名称为雷电一。

着一些小小的争议。其设计者一说为艺术家爱德华·西戈，另一说则是指挥官的夫人，小说家达夫妮·杜穆里埃。然而不管是谁设计了那个图案，它时至今日仍是英国伞兵部队的标记。这袖章和佛里德里克爵士后来荐用的红褐色软帽出现在英国伞兵团一次又一次的作战任务中，从伊拉克到塞拉利昂。

　　虽然柏勒洛丰是军队的象征，但他的坐骑珀伽索斯实际上是一匹温和平静的马，并与艺术灵感和诗性有着古老的关联。正是它的马蹄在赫利孔山上踏出了九位缪斯女神的圣泉，诗人济慈曾无比渴望痛饮其灵感之水。

> 唉，要是有一口酒，那冷藏
> 在地下多年的清醇饮料
> 一尝就令人想起绿色之邦
> 想起花神、恋歌、阳光和舞蹈
> 要是有一杯南国的温暖
> 充满了鲜红的灵感之泉
> 杯缘明灭着珍珠的泡沫
> 给嘴唇染上紫斑
> 我要一饮而尽而悄然离开尘寰
> 和你同去幽暗的林中隐没[7]

　　这匹温驯的骏马虽然是静谧的灵感之泉的缔造者——"希波克林泉（Hippocrene）"这个名字的含义就是"马之泉"——它自己的诞生却充斥着暴力与血腥。海神波塞冬曾化身为一匹马，引诱了雅典娜神庙那位一头秀发的处女祭司美杜莎，暴怒的女神把不幸的美人变成了一头蛇发的戈尔贡女妖，任何被她双眼注视的人都会变成石像。直到多年之后**珀尔修斯**斩下美杜莎的首级，孕育成熟的珀伽索斯才从母亲的尸体中飞跃而出。

7. 济慈《夜莺颂》第二节，查良铮译。

三角座
TRIANGULUM

仙女座
ANDROMEDA

双鱼座
PISCES

天鲸座
CETUS

Perseus

Per/Persei

The Hero

● ●

英
仙
座

形　　象_	**英雄**
缩写 l 拉丁名_	**Per**
属格 l 拉丁名_	**Persei**
体量等级_	**24**
星　　群_	**北斗、分割线**

星体电报服务

收信人：**珀尔修斯**，宙斯在人间的儿子

发报人：波吕得克忒斯王，自塞浦路斯岛

我要和你妈达那厄结婚　个人觉得不关你事　可你又是个妈宝　答应我一件事我就不追她　把戈尔贡**美杜莎**的脑袋给我拿来

收信人：波吕得克忒斯王，至塞浦路斯岛

发报人：珀尔修斯，宙斯在人间的儿子

波吕得克忒斯你绝对知道这是不可能的任务　可是这事儿没的商量　我妈和我一样讨厌你　**赫尔墨斯**给了我能砍掉那老妖婆脑袋的尖刀　**雅典娜**给了我能挡住她视线的盾牌　你等着瞧吧　顺便说一句　我每年摔跤课和铁饼课在班上都排第一　我才不是妈宝

收信人：珀尔修斯，宙斯在人间的儿子

发报人：赫尔墨斯，自奥林匹斯山

有点信心珀尔修斯　我们会给你隐身头盔和飞行凉拖以及魔法背包　去阿特拉斯山找格里伊三姐妹　那些天鹅身子的仙女就是　她们是戈尔贡的姐妹所以知道她住在哪儿　她们三个共用一颗眼珠和一枚牙齿所以总得互相传递　祝你好运

收信人：波吕得克忒斯王，至塞浦路斯岛

发报人：珀尔修斯，宙斯在人间的儿子

美杜莎已解决　耍了把戏让她的瞎眼姐妹指路　是趁她睡觉时偷偷摸过去的　她的头就在我的皮袋里　好像没想象中那么难　她挂掉的时候身体里飞出一匹长翅膀的马　骑着它回家路过埃塞俄比亚时听到了尖叫声　名叫**安德洛美达**的美女被绑在石头上　她说我要是宰了想吃她的怪兽就嫁给我　迅速就婚事向她爹征求意见后救人　用美杜莎的头把怪兽变石头　看来要结婚的人不是你而是我　你说谁是妈宝来着

仙后座
CASSIOPEIA

鹿豹座
CAMELOPARDALIS

御夫座
AURIGA

仙女座
ANDROMEDA

三角座
TRIANGULUM

白羊座
ARIES

金牛座
TAURUS

0 1 2 3 4 5

MAGNITUDE | 视星等

Phoenix

Phe/Phoenicis

The Phoenix

凤
凰
座

形　　象_	凤凰
缩写I拉丁名_	**Phe**
属格I拉丁名_	**Phoenicis**
体量等级_	37
星　　群_	无

Una est, quae reparet seque ipsa reseminte, ales:
Assyrii phoenica vocant...[1]

　　又有谁能知道，当凯泽与德·豪特曼把一只凤凰——那古老的重生与永生的象征——标在自己的星图上的时候，他们有没有想起奥维德呢?

　　以下是我个人翻译的奥维德《变形记》最后一章，它说的是毕达哥拉斯向罗马人传授关于凤凰的知识。[2]

唯有一只鸟不同

它独一无二

它让自己再生

它将自己重组

它给自己一个全新的开始

新生的它奔向世界，却诞生于——

昔日的自己

亚述人给它起的名字是

凤凰

　　它不吃五谷杂粮，也不吃青草、蔬菜。它不动一切凡庸的饮食，只吃乳香的树脂，啜饮东方香木汁液中萃取的

魔药，这种鸟至多重生四次。寿数一到，它就立刻用洁净的鸟喙和脚爪为自己在高高的棕榈树顶上筑一个巢，用桂树皮、甘松光润的穗子、碎肉桂与黄色的乳香搭一张香气四溢的床。

它安坐在

那氤氲的香气之中

生命的循环

便在那里中止

凤凰的雏鸟

从父亲的遗骸里

重获新生

1. 此处引用的是奥维德《变形记》的拉丁文原文，出自《变形记》第十五章，大致内容与正文中引用的一致："但是唯有一只鸟，它自己生自己，生出来再也不变样了：亚述人称它为凤凰……"（杨周翰译）

2. 此处译文参考了杨周翰的中译本，下同。

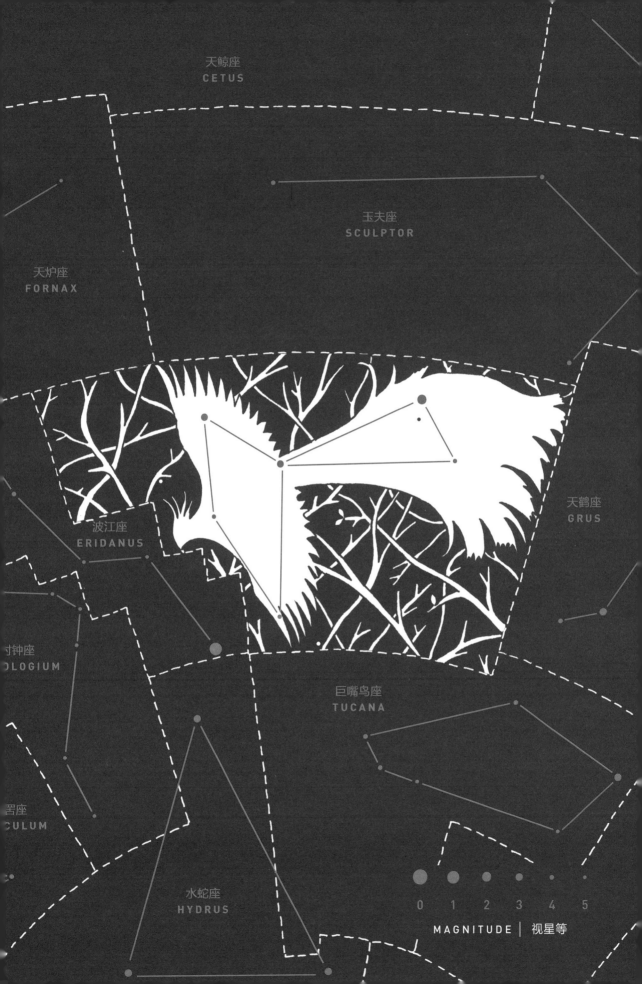

天鲸座
CETUS

玉夫座
SCULPTOR

天炉座
FORNAX

波江座
ERIDANUS

天鹤座
GRUS

寸钟座
OLOGIUM

巨嘴鸟座
TUCANA

罟座
CULUM

水蛇座
HYDRUS

0 1 2 3 4 5

MAGNITUDE │ 视星等

Pictor

Pic/Pictoris

The Painter's Easel

绘架座

形　象_	画架
缩写 I 拉丁名_	Pic
属格 I 拉丁名_	Pictoris
体量等级_	59
星　群_	无

> 群星的色彩并不是我们能够描绘的；它们无色透明却又五彩缤纷；若要重现那色彩，我们得用青碧的天空作画布，再以彩虹的斑斓蘸染画笔。
>
> ——卡米尔·弗拉马利翁（1842—1925）

在1756年，如果你翻开当年出版的皇家科学院备忘录，一定能发现一幅由拉卡伊精心绘制的星图，上面不仅展示了他定义的14个新星座，还展现了托勒密定义的既有星座以及由凯泽、德·豪特曼和皮特鲁斯·普兰修斯等后来者在天球上填补的空白。这幅星图以一种无比精确又不失艺术美感的方式，重现了那位孜孜不倦的法国天文学家眼中的星空。（拉卡伊根据自己的想象对星空进行了不少加工——比如砍掉水蛇座的尾巴给他的八分仪座腾地方；或者从这条小水蛇的星星里偷走几颗，拿去填补暗淡的时钟座和网罟座，等等。）

混迹在绘制精美的众神、动物以及科研器具之间的，是"le Chevalet et la Palette"——画架与画板。这是对画家的技艺与价值的致敬，也佐证了艺术家在拉卡伊的启蒙时代享有极高的社会地位。1763年，这份天球图在拉卡伊过世后出版的天体列表《南天星表》中得以再版，其中此星座被拉卡伊正式以拉丁文命名，称为"Equuleus Pictorius"。而它也没有逃脱被后来的天文学家更名的命运，在彻底定名为如今的简短版本——"Pictor"——

之前，德国天文学家约翰·波得还给它起过"Pluteum Pictoris"的名字。

虽然暗淡的绘架座并不醒目，其中也没有重要的星体，它却见证着天文学家的努力与艺术家的苦功。科学家借由天体制图法在天空中作画，用法国天文学家卡米尔·弗拉马利翁的话来说就是，那是他们在彩虹的斑斓中蘸染画笔的机会。从约翰·拜耳1603年发布的那份伟大的《测天图》开始，到约翰·弗拉姆斯蒂德1729年的《弗拉姆斯蒂德星图》，再到波得那精妙绝伦的1801星图，这些图表不仅仅向后人传递了他们的观测成果与惊人的发现，更展示了制图者的精湛艺术（而且与昂贵的手工天球仪相比要平易近人得多）。这些精妙的画作对于当时的观者来说，就像我们今天用谷歌搜索到的哈勃望远镜回传的图像一样激动人心。

更奇妙的是，这些艺术加工竟然与群星的运动暗暗相合。1984年的一张照片显示，蓝白色的绘架座 β 周围有物质呈碟片状环绕，这说明这颗恒星正在形成一组全新的行星系统：它也在描绘只属于自己的宇宙风景。

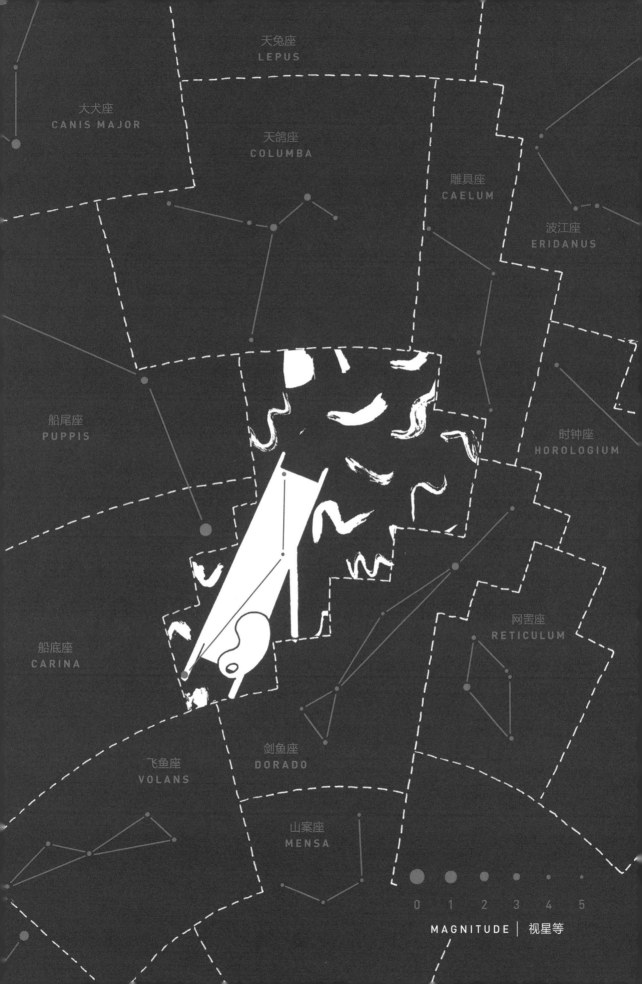

天兔座
LEPUS

大犬座
CANIS MAJOR

天鸽座
COLUMBA

雕具座
CAELUM

波江座
ERIDANUS

船尾座
PUPPIS

时钟座
HOROLOGIUM

船底座
CARINA

网罟座
RETICULUM

飞鱼座
VOLANS

剑鱼座
DORADO

山案座
MENSA

0 1 2 3 4 5

MAGNITUDE │ 视星等

Pisces

● ● ●

Psc/Piscium

The Fishes

双鱼座

形　　象_	鱼儿
缩写 I 拉丁名_	Psc
属格 I 拉丁名_	Piscium
体量等级_	14
星　　群_	小环

　　托德沿着那条空荡荡的高速公路开了好几个小时，信号欠佳的广播含混不清地播着乡村音乐，细小的嗡嗡声仿佛缓缓钻进了他的潜意识。眼前这辆车是他今天看到的第一辆车。那辆破破烂烂的汽车早已不复昔日的光彩，却以反常的速度在干燥而荒芜的原野上奔驰。这让他有点吃惊，不仅仅因为开车的是个女人，还因为那辆车的保险杠上贴着一张鱼形贴纸[1]。不过，终于有了伴儿还是让他很开心，他猛踩了一脚油门，满面微笑地从那女人身边驰过，希望她能够看到自己卡车屁股上贴着的标志，然后冲他按喇叭——如果她也爱着耶稣的话。

　　可是她没有按喇叭。他透过后视镜打量着那个女人：她三十多岁了，深色头发衬着一张沧桑而疲惫的面孔。她直直地盯着前方，貌似专注，但肯定没有在看马路。他一阵失望，随即加快了速度，向着9月末的夕阳开去。

　　卡拉几乎完全没注意到那辆卡车，直到她听到后座传来"咯咯"的笑声——"大卡遮！大卡遮！"，还有小拳头敲玻璃的声音。比利还不知道发生了什么，所以他尚能用快活的笑脸面对这个他不知道在日后只会更加残酷地对待他的世界。想到这一点，卡拉感到一阵巨大的痛苦扼住了她的胸口，虽然对无法预知又无法抵抗的不公的暴力早已习惯，但她还是难以自持，两天来第一次开始抽泣，流泪。她控制不住地要哭出声来，所以只能用最快的速度停车、熄火、冲出车外。

　　她在那里站了几个小时。天黑了下来，降低的气温让她微微有些发抖。真是个清爽的晚上，她想着，抬头望向天空。

　　她从来没见过这样的东西，头顶夜空中处处散落的光芒是如此清亮而鲜明，她此前所知的一切都无法与这幅图景相比，仿佛这个世界所有的感触与神秘都在她眼前，以全新的语言和未知的文字刻画在那片漆黑的幕布上。

---

1. 此处所指的贴纸图案是所谓的"耶稣鱼"，一种由相交的两条圆弧线构成的简单的鱼形图案，最初是早期基督徒的秘密标记，如今成为流传广泛的表达基督教信仰的标志，最常见的版本是在鱼形标记内部写上"Jesus"。

不久之后，她趁比利睡觉时打完了小餐馆的零工，却迟迟没有开始学习网上的会计课程。她查到了方才自己头上群星的名字，那就是双鱼座，其中一条向她游来的鱼是**维纳斯**，另一条则是她的儿子**丘比特**。她浏览了各种关于天文和宇宙的网页，看到了小行星、外星人和这一对母子如何变成星座的古老传说。她读到他们如何逃离地母**盖亚**派来袭击众神的怪兽**堤丰**——这凶残的巨兽长着一百颗头颅，眼中燃烧着烈火，每天发出不同的怪吼。女神母子逃到了幼发拉底河边，躲藏在芦苇丛中。看到**潘神**一头扎进河里逃命（他就是这样变成半羊半鱼的**摩羯**的），身后巨兽的动静也越来越近，维纳斯连忙向水中的仙女求助。可是仙女们还来不及回应她的呼救，可怕的堤丰就已发现了维纳斯母子。眼中冒火的怪物喷吐着一百条漆黑的长舌，径直扑向女神藏身的河边。危急之际，维纳斯用绳索两端绑住儿子和自己的脚踝以免在水中失散，随后抱起孩子纵身跃入河中。这对母子一入水就变成了两条鱼，灵活地随着奔流的河水远去了。

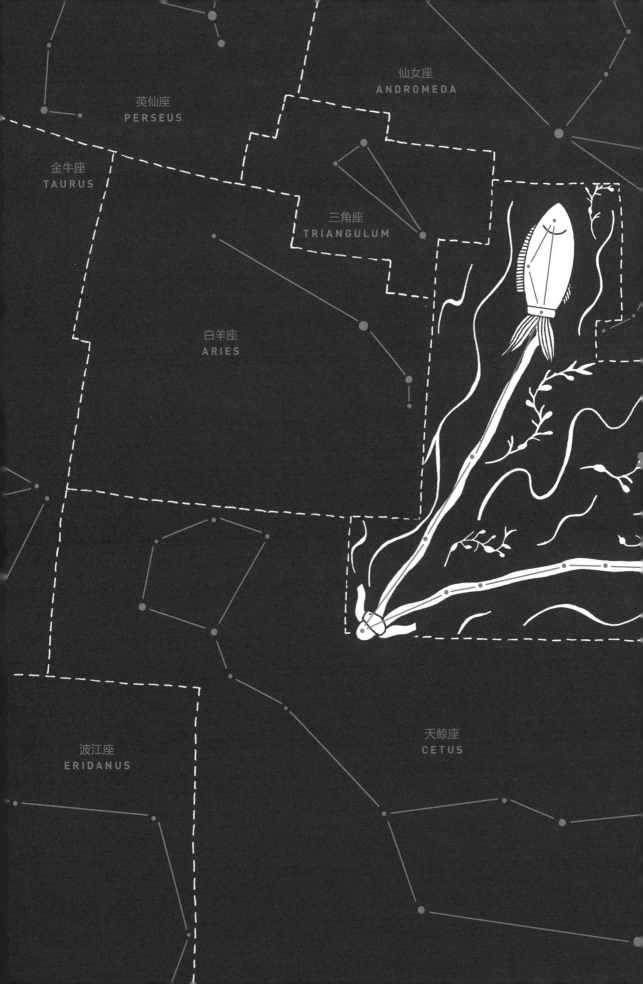

英仙座
PERSEUS

仙女座
ANDROMEDA

金牛座
TAURUS

三角座
TRIANGULUM

白羊座
ARIES

波江座
ERIDANUS

天鯨座
CETUS

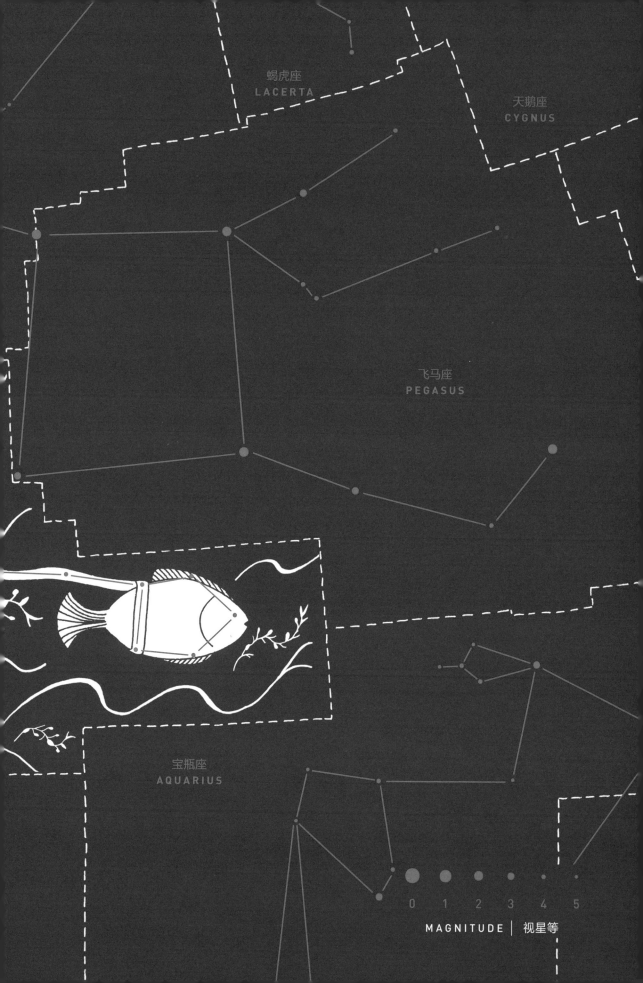

蝎虎座
LACERTA

天鹅座
CYGNUS

飞马座
PEGASUS

宝瓶座
AQUARIUS

MAGNITUDE │ 视星等

0　1　2　3　4　5

Piscis Austrinus

PsA/Piscis Austrini

The Southern Fish

南鱼座

形　　象_	**南天鱼**	
缩写 l 拉丁名_	**PsA**	
属格 l 拉丁名_	**Piscis Austrini**	
体量等级_	60	
星　　群_	无	

　　伊什塔尔在画一条美人鱼。她从来没听说过美人鱼，因为所有能够传递给她这一信息的方式都已不存在了——学校、电视、妈妈和两位姐姐，一切都已和她的家一起毁于猛烈的炮火。她表姐穿着的T恤衫上倒是有一条美人鱼：红色的头发和绿色的尾巴，穿着紫色贝壳做的比基尼，瞪着蓝蓝的大眼睛对她微笑。她们到达难民营的第一天，阿丽亚就得到了这件衣服。听到那个穿着蓝色运动服的好脾气的女士说，这件衣服是直接从德国运过来的，两个小姑娘都惊讶极了。怎么会有小孩子愿意放弃这么好的衣服呢？姐妹俩忍不住给那个德国女孩编了不少不着边际的悲惨故事。

　　刚把美人鱼的尾巴画到一半，她手里的蜡笔就断掉了。伊什塔尔有点想哭，可是她依旧流不出眼泪。一位身穿红色运动服，满脸倦容的秃头男子给了她一根新的蜡笔，但是颜色不对。他在她身边坐了下来，开始把黄色的纸片剪成星星。她把星星贴在画了一半的美人鱼头上。伊什塔尔已经很久没抬头看星星了。在过去的两年半里，她绝大多数时候——包括梦里——都在害怕从天上掉东西下来。她所逃离的家乡正是阿勒颇省的古城曼比季，她的祖先称呼这座城市为班贝斯（Bambyce），而古希腊人则叫它希罗波利斯——"圣城"。距离她出生的地方30公里开外的幼发拉底河西岸，曾经是叙利亚丰饶女神阿塔加提斯的朝拜中心。但是现在这些都已经不重要了。伊什塔尔与阿丽亚不太可能听过那位远古神祇的传说，也不太可能热情洋溢地讨论阿塔加提斯怎么会掉进湖里，之后是被鱼所救还是变成了一条鱼。她们不可能像讨论那件"小美人鱼"T恤一样讨论这种事情了。

　　伊什塔尔拿起自己的画作，把它贴在了墙上。它混在其他女孩子的图画里，平淡无奇。

宝瓶座
AQUARIUS

摩羯座
CAPRICORNUS

玉夫座
SCULPTOR

显微镜座
MICROSCOPIUM

天鹤座
GRUS

凤凰座
PHOENIX

0　1　2　3　4　5

MAGNITUDE │ 视星等

Puppis

Pup/Puppis

The Stern (of Argo Navis)

船
尾
座

形　　象_	（"阿尔戈"号的）船尾
缩写 I 拉丁名_	**Pup**
属格 I 拉丁名_	**Puppis**
体量等级_	20
星　群_	无

伊阿宋与阿尔戈英雄：一部英雄传奇

（五十个希腊英雄操着五十支船桨扬帆起航，前往科尔喀斯，把金羊毛与佛里克索斯的灵魂带回希腊的故事。）

以三部分倒序讲述

[正如托勒密所记录的，由"阿尔戈"号（Argo）得名的南船座（Argo Navis）于1756年被法国天文学家拉卡伊分为三个部分：船底座、船尾座与船帆座。]

第二部分：船尾

巨龙展开盘曲的身体，嗞嗞怒吼着向他直扑过来，此时**伊阿宋**才发现，它比"阿尔戈"号还要庞大。**美狄亚**抢步上前，她直视着巨龙的双眼，开始用奇妙的语言咏唱咒文。然而奇怪的是，伊阿宋竟感觉自己心中燃起了情欲，看着美狄亚对恶龙遍布鳞片的怒脸挥动手中的杜松树枝，把魔法药水撒在它越发困倦沉重的眼睑上，他知道自己已经彻底爱上了这个女人——这个为了他甘愿抛弃一切的女人。为了帮助他完成那些不可能完成的任务，她不惜触怒自己的父亲**埃厄忒斯王**：是她用藏红花血红色的汁液涂遍他全身，使他能够抵挡国王那些凶暴的公牛喷吐的烈焰，并给它们套上轭具；也是她趁着夜色为阿尔戈英雄们引路，带他们来到这由恶龙把守的圣地。但是，在这一刻之前，他对这个女人的情感只不过是最基本的感激。

此刻他面对的是最后一道难关。这让他想起自己和伤

亡不断的同伴们共同走过的一路艰险。登岛时，羽毛像箭矢一般锋利的恶鸟俯冲下来攻击他们；又经过与邪恶的食腐鹰身女妖的一番恶战，才救下盲眼的预言家菲纽斯；他们在菲纽斯的指点下才勉强通过了凶险的撞岩。他想起**波吕丢刻斯**战胜凶恶的阿密科斯的那场搏斗，拳击手把对手的脑袋打成了碎片。他又想起**赫拉克勒斯**在密细亚森林中搜寻许拉斯——那是他的奴隶，也是他的爱人——想起那个美少年被森林仙女溺死在泉眼里，伟大的英雄为他痛苦地哀号。

而此时他还不知道，他们在归途中还会遭遇塞壬，只有**俄耳甫斯**动人的琴声才抵挡得住她歌声的魔力。他更不知道，就在明天，埃厄忒斯的追兵会逼近逃亡的"阿尔戈"号，他将亲手杀死美狄亚的弟弟阿布绪尔托斯；他会亲手砍下那个孩子的双手、双脚、鼻子与双耳；他会舔舐剑刃上少年的鲜血，再把带血的口水唾出去三次——这样冤魂就不能来找他复仇了。

在美狄亚的引领下，伊阿宋走过沉睡的巨龙，走向挂着金羊毛的橡树，不安分的手却悄悄抚上了身旁女子的翘臀。

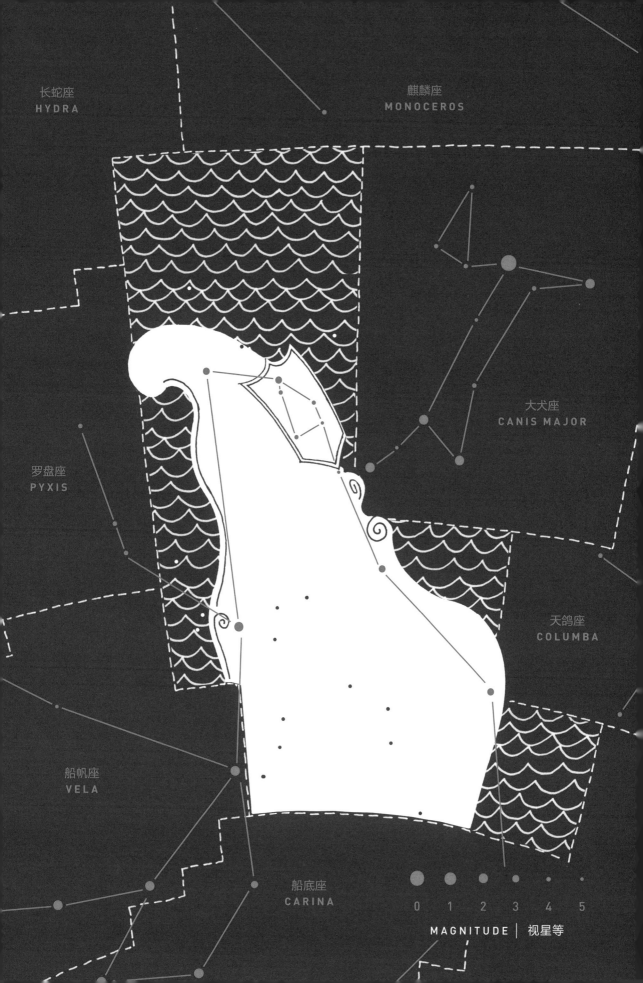

长蛇座
HYDRA

麒麟座
MONOCEROS

大犬座
CANIS MAJOR

罗盘座
PYXIS

天鸽座
COLUMBA

船帆座
VELA

船底座
CARINA

0 1 2 3 4 5

MAGNITUDE │ 视星等

Pyxis

Pyx/Pyxidis

The Ship's Compass

● ●

罗盘座

形　　象_	罗盘
缩写 I 拉丁名_	Pyx
属格 I 拉丁名_	Pyxidis
体量等级_	65
星　　群_	无

　　1269 年，一个名叫彼得·帕雷格伦纳斯（Peter Peregrinus）的人用拉丁文写了一封书信。他在信中承诺，要传授他那位"最亲爱的朋友"一些关于引力与斥力的知识。这封书信留下了诸多抄本，由此可见，它在中世纪曾经颇受欢迎，但是关于它的作者——那位法国学者——我们却知之甚少。我们只知道他的名字直译过来是"朝圣者彼得"，而在写下这封里程碑式的书信时，他正在安茹的查理一世军中效力，进行十字军东征。而彼得的这封书信也与"帕雷格伦纳斯（peregrinus）"[1]这个拉丁词有些契合之处。这让人不禁猜想，在他选这个名字的时候，他考虑得更多的是宗教上的献身精神，还是它所代表的远行与漂泊。因为彼得那些关于引力与斥力的妙语可不是什么中世纪恋爱指南，而是世上现存最早的对磁力的研究以及对于将磁力用于导向的探讨：

　　　　现在，我要用自己粗鄙的言辞，尽量让您明白天然磁石那不为人知却确凿无疑的妙处。虽然过去的哲人从来不曾提到它，但是好的东西往往隐藏在黑暗之中，直到公之于众、日以所用，才能大白于天下。

　　彼得的动机不可谓不高尚，他的发现在西方科学史上也有着十分重要的价值，然而它是建立在谬误之上的：这位军旅学者所说的"哲人"可能的确没研究过磁石与磁力，但是远古的中国人从公历纪元就开始使用它们了。远在葡萄牙探险家前往东印度寻宝之前，中国人就已学会用天然磁石来寻找他们的宝物了。他们发现天然磁石固定指示一个方向（地球的磁极），便用它制成罗盘。这种罗盘最先并不用于海上导航，而是用于占卜预言以及和谐地规划自身周边的环境，即"风水"。

　　我们至今无法确定这种罗盘是怎样从中国来到欧洲的，不过许多历史学家都相信它是沿着阿拉伯人的商路传播而来的。不过，不管它到底是来自东方、西方、南方还是北方，它都为航海家导航的方式带来了革命性的改变。这也是天文学家拉卡伊把罗盘座放在星空中纪念的理由。可别把它跟圆规座混为一谈，那是测绘员用的圆规。更不要把它跟莉拉（天琴座）的"黄金罗盘"搞混了，那是菲利普·普尔曼《黑暗物质》三部曲里的魔法"真理仪"。

---

1 这个词既可以指朝圣者，也指旅行者、远行者、外乡人。

长蛇座
HYDRA

六分仪座
SEXTANS

麒麟座
MONOCEROS

船尾座
PUPPIS

唧筒座
ANTLIA

船帆座
VELA

0 1 2 3 4 5

MAGNITUDE │ 视星等

Reticulum

Ret/Reticuli

The Net

网罟座

形　象_	网
缩写 | 拉丁名_	Ret
属格 | 拉丁名_	Reticuli
体量等级_	82
星　群_	无

如果你以为**拉卡伊**这位挑剔的天文学家只满足于把他的显微镜（显微镜座）放到天上，那你可能得重新考虑一下了——网罟座就是他为了纪念望远镜目镜上的定位十字网而创造的。1751—1752年，他率队前往好望角，在桌山（山案座）附近用一台小型望远镜研究南半球的夜空。按照他自己在星表前言中的说法，如果没有加装在目镜上那个看起来不值一提的"小设备"的帮助，他或许未必能对天文学做出那么大的贡献。

13世纪《阿方索星表》的编写者卡斯提尔的国王阿方索十世曾经说过："如果上帝创造世界的时候我也在那里，那么我应该能在规划宇宙这方面给他一点好建议的。"我倒不是不满拉卡伊的天文设备，也不是对这些规划过天幕的男性有什么成见，我只是觉得，假如我能拥有重新定义当下公认的88个星座的天文学技术、数学能力或者政治手腕，我可能会做点不一样的事情，比如纠正一些严重的疏漏。

比方说吧，如今既然国民医疗体系都开始注意到"正念"的作用了，那么佛陀的位置在哪里呢？卡尔·马克思、甘地、爱因斯坦和荣格不也应该有一席之地吗？与拉卡伊的时代相比，如今的科技早已有了突飞猛进的发展，所以似乎只有把对生活影响最大的发明放到星空里才公平，比如电脑、青霉素、捣蒜器和汽车之类的。我们也应该纪念一下消失的恐龙和渡渡鸟，还有玛格丽特·撒切尔这样危险的濒危动物——关于她的传说没准是偷走银河的瓶装牛奶星座什么的吧[1]。我不明白为什么古人不把卡珊德拉放进

星座里（看来连神话收集者也不肯好好听她说话啊），他们在星空中给克娄帕特拉和布狄卡粉饰的形象我也很想改。天上明显还缺少作家与诗人——至少别落下威廉·布莱克[2]，他把星座画得那么精美。留一个黑洞给项狄先生[3]应该也会很有意思；弗吉尼亚·伍尔夫一定很愿意掌管一场意识流星雨；而存在主义者萨缪尔·贝克特或许也会乐意在永恒的虚无中拥有一席之地。我要用一只穿着衬裙的鬣狗换掉那只孔雀，这样我们就不会忘记霍拉斯·沃波尔对女性主义之母玛丽·沃斯通克拉夫特的抹黑了。我可能还会把被缚的少女**安德洛美达**换成被捆在栏杆上的女性参政论者，不过换上微掩裙摆的玛丽莲·梦露似乎也不错。

1. 揶揄撒切尔夫人那个 "Milk Snatcher"（偷奶贼）的绰号。
2. William Blake（1757—1827），英国诗人，也是优秀的画家、版画家。
3. 18世纪英国文学大师劳伦斯·斯特恩的代表作《项狄传》的主人公，全名《绅士特里斯舛·项狄的生平与见解》（*The Life and Opinions of Tristram Shandy, Gentleman*）。本书打破了小说传统的叙事结构与顺序，20世纪的意识流小说的手法就可以追溯到本书。

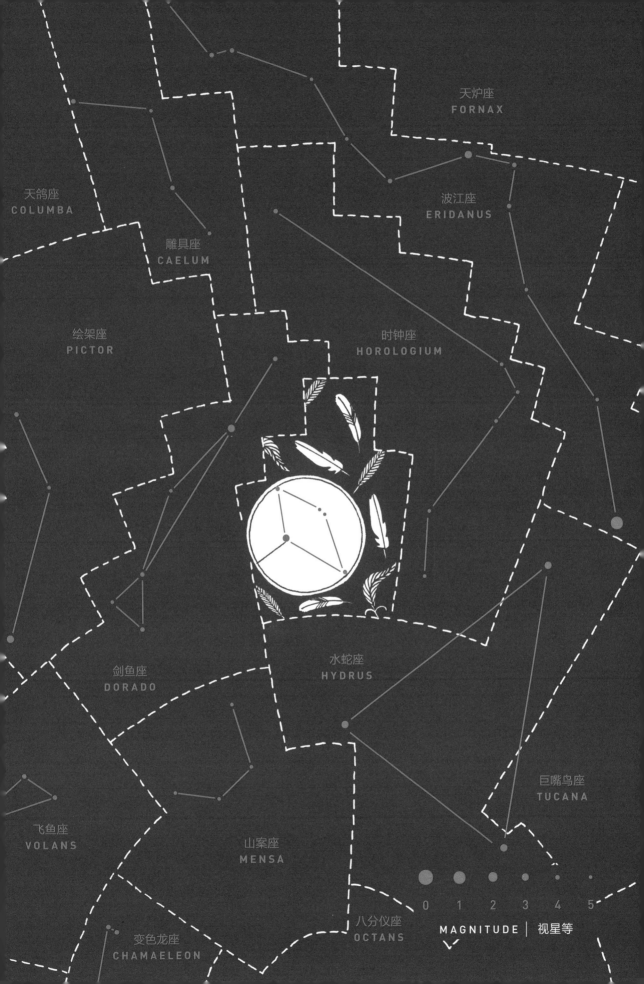

Sagitta

Sge/Sagittae

The Arrow

天箭座

形　　象_	箭矢
缩写Ⅰ拉丁名_	Sge
属格Ⅰ拉丁名_	Sagittae
体量等级_	86
星　　群_	无

　　星空的故事里有不少四处横飞的箭，谁又说得清楚这一支是去往哪里、为何而射呢？这要看你站在谁的角度上说了。

　　那会不会是传奇英雄**赫拉克勒斯**的箭呢？［噢，"赫拉克勒斯"还是"赫丘利"，西红柿（tomato）的结尾加不加"e"，希腊和罗马之间有着巨大的语言鸿沟，就像大西洋两岸有两种英语一样，你随便选一个就好了。］这可能就是他用来射杀天鹰的那支箭，**宙斯**派那只鸟啄食**普罗米修斯**的内脏，他这一箭终于解救了那位盗火的英雄。这也可能是**阿波罗**射死独眼巨人的那支箭，因为正是他们制造的雷电杀死了他的爱子**阿斯克勒庇俄斯**。那甚至可能是**厄洛斯**射出的爱之箭，它射中了宙斯的心房，让他不可救药地爱上了俊秀的牧童**伽倪墨得斯**。嘿，说这么多又有什么用呢！伽倪墨得斯的故事在宝瓶座里讲过了，阿斯克勒庇俄斯在蛇夫座里也提到了，而普罗米修斯的事迹还是由天鹰亲自告诉各位的。咱们来讲一个之前没说过的故事吧，关于赫拉克勒斯的。

　　你有没有觉得鸟类看着像恐龙这件事挺恐怖的？你有没有担心过，它们呆板的小眼睛背后暗藏着的是深深刻在基因中的暴力？如果有，那就请您想象这样一群不计其数的鸟类——它们的羽毛、脚爪和鸟喙全部都是黄铜色的。这种鸟繁衍得极其迅速，挤满了它们栖息的沼泽。更恐怖的是，它们的金属羽毛沾染着毒液，随时准备倾降一场苦痛的暴雨，它们的粪便同样有剧毒，而且这种鸟只以人肉为食。我们身披狮皮的英雄来到斯廷法罗斯河时要面对的正是这群鸟。他知道这种长得像朱鹮、体格如同鹤一般的大鸟可以轻松啄穿金属的盾牌或者胸甲；他还知道阿拉伯的沙漠里也有这样的鸟，那里的人认为它们比狮子和猎豹还可怕，因为它们会疯狂地袭击旅行者，用长喙啄穿他们的身体。不夸张地说，赫拉克勒斯瞧着他单子上的第六项任务时，心里不是一点也不害怕。

　　万幸的是，女神**雅典娜**伸出了援助之手。为了对付这些黄铜鸟，她给了他一只黄铜做的拨浪鼓。赫拉克勒斯拼命地摇动工匠之神**赫淮斯托斯**亲手铸造的这只拨浪鼓，发出的巨响惊动了所有怪鸟。它们惊得在天空中四处逃窜，他便开弓把它们逐一射杀。其中一箭的力道实在太大，中箭的斯廷法罗斯怪鸟破裂成了无数剧毒的碎片。那支永远横亘在天鹅座与天鹰座之间的箭定格的正是这一血腥的场景。

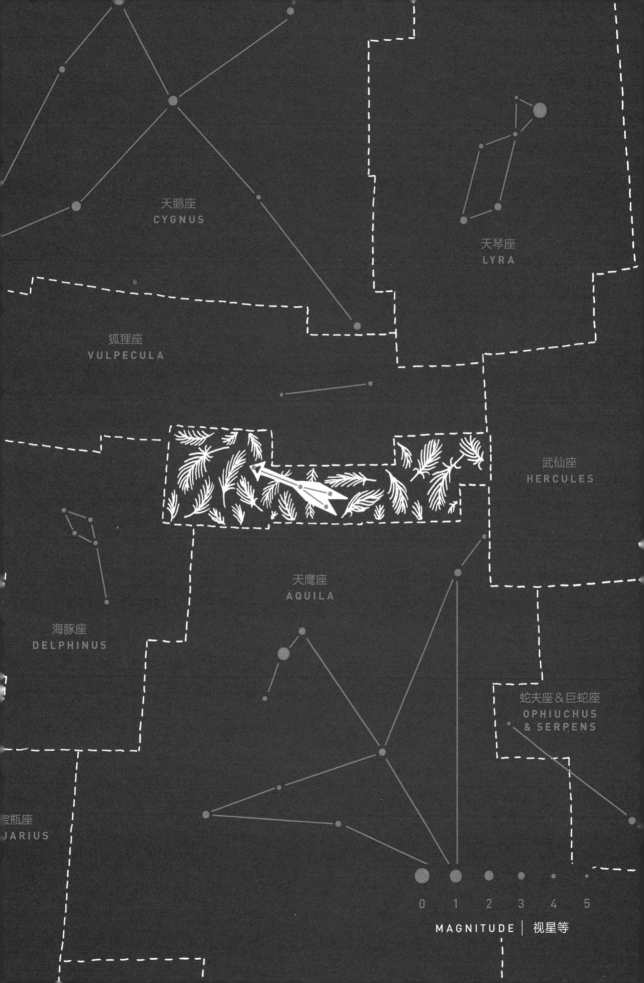

天鹅座
CYGNUS

天琴座
LYRA

狐狸座
VULPECULA

武仙座
HERCULES

天鹰座
AQUILA

海豚座
DELPHINUS

蛇夫座＆巨蛇座
OPHIUCHUS
& SERPENS

宝瓶座
JARIUS

0 1 2 3 4 5

MAGNITUDE ｜视星等

Sagittarius

Sgr/Sagittarii

The Archer

射手座_一

形　　象_	**弓箭手**
缩写l拉丁名_	**Sgr**
属格l拉丁名_	**Sagittarii**
体量等级_	15
星　　群_	南斗

如果你想向着银河的正中心射出一支箭的话，你需要瞄准的是射手座边缘的一个点——就在与天蝎座交汇的边界，距离射手座 γ 不远。瞄准了以后，用尽全身力气将弓拉到最大，使箭射出，横穿 26000 光年，才能一箭正中射手座 A★——银河系中心的巨大黑洞。这个放射源不断地吸收周围的尘埃与气体，并以此维持自身的银河系"靶心"位置。

你还来不及说完"时空连续统"这个词，那支箭矢就已消失得无影无踪了——这个黑洞吞食整颗的恒星，是百万倍亿万倍于太阳质量的虚无，谁知道那里面会不会藏着一个纳尼亚王国呢？

那里很可能真的有一位吐纳思先生在家里招待露西喝茶；他的家里有温暖的火炉、蛋糕和沙丁鱼吐司。因为射手座也有"茶壶"的别称，银河从壶嘴里冒出袅袅轻烟，而由射手座 λ、φ、σ、τ 和 ζ 组成的勺子叫作"南斗"[2]。而且，吐纳思先生也的确是一只半羊人法翁（faun），不过他跟萨提（satyr）不大一样（法翁和萨提都是半人半山羊的生物，但是法翁长着和人类一样的面孔，萨提则长着羊脸），而萨提又和半人马有点区别（萨提和半人马都长着马一样的尾巴，但是半人马并不使用弓箭），但他确实是潘神的眷属，他们都是从苏美尔时期便在星空中留下踪迹的森林生物。

希腊人放在星座里的半羊神名叫克罗托斯，这只活泼的萨提发明了喝彩与弓箭术。他的母亲是仙女欧斐墨，即

九位缪斯女神的保姆（这九位女神是**宙斯**与记忆女神谟涅摩叙涅的女儿，分别为克利俄、塔利亚、埃拉托、欧忒尔帕、波吕许谟尼亚、卡利俄佩、忒尔西科瑞、墨尔波墨涅和**乌剌尼亚**），因此他和母亲照顾的神子们一同被抚养长大，快乐地生活在赫利孔山上。每当缪斯们唱起歌来，克罗托斯就会坐在树桩上静静听着，等女神们一唱完，他就会把双手一次次地拍到一起，并且越拍越快，一连串的拍手声让大家开心极了。所以，她们在这位心爱的玩伴阳寿终尽的时候，纷纷恳求父亲宙斯把他变成星座。疼爱女儿的宙斯不仅答应了这个请求，甚至把克罗托斯的花环也放在星空中这位弓箭手的脚下（他与缪斯女神们嬉戏的时候，这顶花环总是会从他的头上滑落），这花环正落在南冕座的星环里。

所以他就在那儿，弯弓瞄准身边的巨蝎，把箭射向宇宙的气体与尘埃之中。

---

1. 亦译为"人马座"。
2. 中国古代占星学称"南斗六星"，除上述 5 颗，还有射手座 μ。

天鹰座
AQUILA

盾牌座
SCUTUM

蛇夫座&巨蛇座
OPHIUCHUS
& SERPENS

魔羯座
ICORNUS

天蝎座
SCORPIUS

南冕座
CORONA AUSTRALIS

之座
US

望远镜座
TELESCOPIUM

0 1 2 3 4 5

MAGNITUDE | 视星等

Scorpius

Sco/Scorpii

The Scorpion

天蝎座

形　　象_	蝎子
缩写 I 拉丁名_	Sco
属格 I 拉丁名_	Scorpii
体量等级_	33
星　　群_	鱼钩

　　世界各地的人对"神"有不同的看法，这应该也不算是什么奇怪的事，毕竟我们所看到的星空就是不同的。比如天蝎座，这个星座为北半球带来的是严冬与黑暗，因此往往与邪恶联系起来。可是，如果您向南半球移动的话，就会发现这个星座不仅越往南越明亮，而且笼罩在它形象上的阴影也随之逐渐消退。因此，苏美尔人把那个星座视作有毒的恶蝎吉尔塔布，埃及人把它看成毒蛇，可它在巴西南部的巴卡伊利原住民眼中却是背负着婴儿的慈母形象。这个星体构成的"S"形有一个明显的钩子，它可能是刺死了**俄里翁**的节肢动物的毒针，不过，仁者见仁，智者见智，甲眼中的钩尾也完全可以是乙眼里的襁褓。

　　天蝎座的最亮星是天蝎座 α，它位于星座正中，因此有时也被称为"蝎之心（Cor Scorpii）"。这是一颗 400 倍于太阳直径的红色超巨星。对于新西兰北岛的图霍部落来说，这颗星是所有星辰的大酋长"雷胡阿"，是一位高居天庭的神，拥有治愈疾病、使盲人重见光明的神奇魔力。西方的天文学家则把这颗恒星称为"心大星（Antares）"[1]，而且即使身处同一个半球，人们也依然为了如何命名此恒星而争论不休。它由希腊文的"anti"和"ares"两部分组成，因此有人认为这个词的含义是"阿瑞斯之敌"，而另一些人则认为它的意思是"等同于阿瑞斯"。撇开一词多义的情况，所有通过希腊神话的视角打量星空的人可能都能认识**阿瑞斯**，他是古希腊的战神，而马尔斯（Mars）则是等同于阿瑞斯的罗马战神，因此，不论是哪个说法，都说明这颗恒星就像他们代表的那颗赤红色行星一样，闪耀着好斗的火光。

　　毛利人关于这些星星的故事就没那么多暴力的成分了（也没有什么毒刺）。从前有一天，雷胡阿的后裔魔术师毛依到海边去钓鱼。他用祖先姆利－兰加－乌恩努阿的下颚骨当鱼钩，又用自己鼻子里流出来的血当诱饵，他很快就感觉海底有什么大家伙上钩了。他费了好大的力气拉扯鱼线，最后从深渊里扯出了一条浑身长满草木的大鱼——这条大鱼是一座活的岛屿。毛依让族人和兄弟们看守大鱼，自己去找圣人讨教处置它的方法。可是等到他回来的时候，发现人们为了寻找食物已经劈开了那条岛屿鱼的身体：它的海岸线被砍成了锯齿，身上到处被砍出了高山、悬崖和峡谷。这条岛屿鱼支撑不住了，它猛然断成了两截，把毛依的鱼钩都崩到星空里去了。大鱼那分为南北两半的身体，正是今日新西兰的南岛和北岛。　1. 中文译名又作"心宿二"。

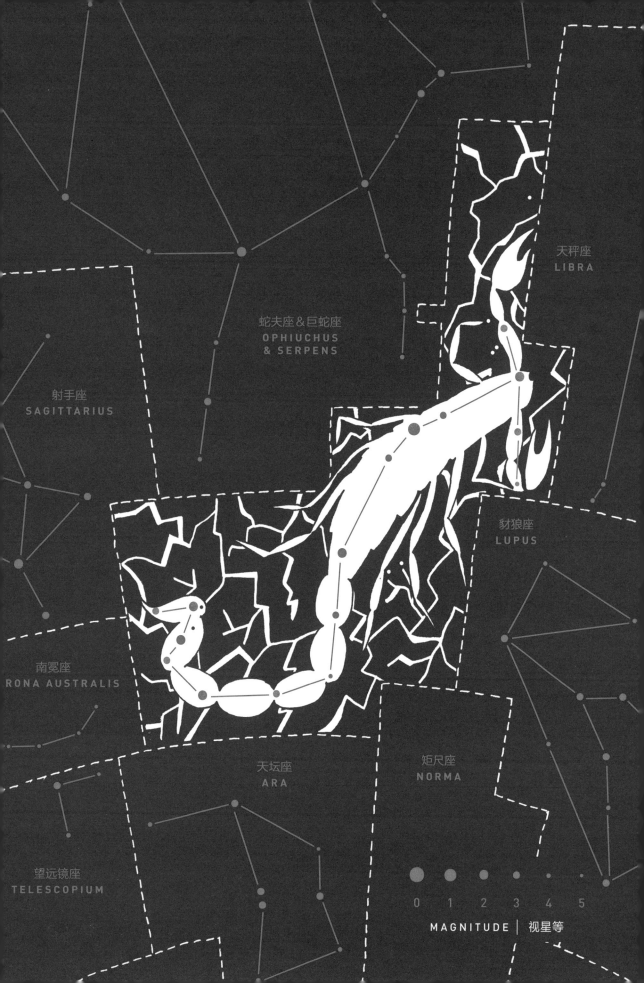

天秤座
LIBRA

蛇夫座 & 巨蛇座
OPHIUCHUS
& SERPENS

射手座
SAGITTARIUS

豺狼座
LUPUS

南冕座
RONA AUSTRALIS

天坛座
ARA

矩尺座
NORMA

望远镜座
TELESCOPIUM

0 1 2 3 4 5

MAGNITUDE｜视星等

Sculptor

Scl/Sculptoris

The Sculptor

玉夫座

形　　象_	雕塑家
缩写I拉丁名_	Scl
属格I拉丁名_	Sculptoris
体量等级_	36
星　　群_	无

　　就像那些古希腊前辈一样，18世纪的法国天文学家**尼古拉·路易·德·拉卡伊**很明显也把艺术视作一门科学。除了用星座纪念化学、物理、数学以及天文学中使用的伟大器材之外，他还在星空中放了一副画家的画架（绘架座）、一把雕刻家的凿子（雕具座）和一整张（雕刻家的）工作台（玉夫座）。

　　不幸的是，自从拉卡伊创造了那个"雕刻家的工作台（L'atelier du sculpteur）"之后，总是有后来者无情地砍掉这个星座上的细节。在拉卡伊1756年的星图上，他描画的原本是一幅细节丰富的场景——三足桌子上放着一尊头戴桂冠的半身像，一旁的大理石板上还搁着雕刻家用的锤子与凿子。**约翰·波得**决定把这幅画修改得精简一点。在1801年星图中，波得去掉了半身像的桂冠和大理石板，不过，值得一提的是，他反而将那尊半身像额外美化了一番。这个星座的名字后来被改成了拉丁文"Apparatus Sculptoris"，到了1884年，却又被英国天文学家约翰·赫歇耳砍掉了前半部分，只剩下"玉夫（Sculptor）"这一部分。

　　看到艺术家在这些天文问题上与科学家分庭抗礼，倒实在是一件令人怀念的乐事。在拉卡伊出生的时代，世界正处于一场激烈的变革之中，它很快就要进入一个经验主义、理性主义、医学和进步的时代；与此同时，科学的威势将迅速凌驾于本能的、感性的、不可证的艺术之上。这种标号命名每一颗星星的能力，有时或许反而剥夺了宇宙神秘的魅力。

　　因此，虽然拉卡伊先生钟爱把科学器材置于星空之中，但值得欣慰的是，他在很多方面都像之前或后来的无数天文学家一样，是一位不折不扣的艺术家：他们在看似完全随机排列的星空中雕琢形象，在无尽的苍穹中勾勒图景。

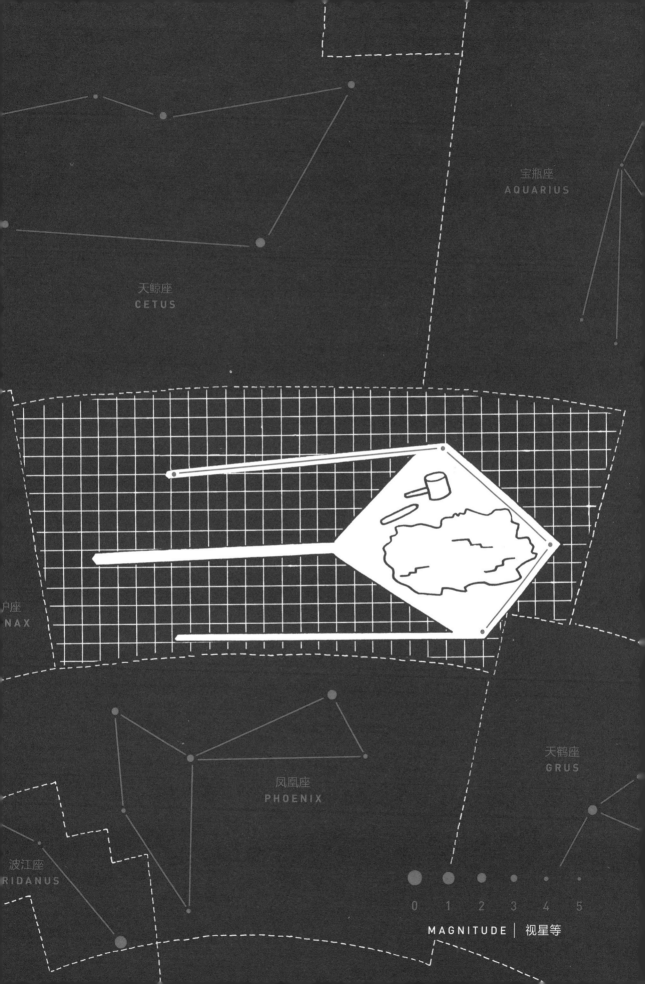

Scutum

Sct/Scuti

The Shield

盾牌座

形　　象_	盾牌
缩写 l 拉丁名_	Sct
属格 l 拉丁名_	Scuti
体量等级_	84
星　群_	无

　　他已经不是当年那个精力充沛的自己了。马车缓缓驶出城门，车里的**约翰·赫维留**在阵阵沮丧中感到一丝自责。他一生以宗教徒般的狂热致力于工作，虽然要打理家族的酿酒厂生意，作为行政长官又得兼顾市政府里繁忙的公务，他还是为自己打造了一整套天文器材，亲手磨好望远镜的镜片，甚至抽出时间来建造当时世界上最好的天文台——就建在他自己家的顶楼。可现在，这六十八年的辛劳终于损害到了他的健康：他经常半夜被噩梦惊醒，所以现在不得不离开但泽，到乡下的别墅去——美其名曰"疗养"！金属般冰冷而坚硬的失落感让他说不出话来，他只能刻意回避着**伊丽莎白**的视线。

　　他年少的妻子凝视着车窗外，这是 9 月一个晴朗的夜晚。无法在天文台观测让她感觉有些遗憾，但是伊丽莎白还是用训练有素的双眼在夜空中搜索着，她锁定了一小片漆黑的区域，努力辨认其中暗淡的恒星。而十一年后，伊丽莎白出版的亡夫的星图就包含了这片区域，命名为"狐狸座"。在他们到达别墅的时候，刮起了南风，原本晴朗的夜空中也堆起了乌云。打发马车夫回去后，夫妇俩就直接上床休息了。

　　当马车夫赶在城门关闭前最后一刻进了城，回马厩安顿好马匹的时候，这对夫妻早已进入梦乡。睡梦中的他们不可能知道，不知是出于无心还是有意为之（日后赫维留总怀疑是后者），马车夫没有吹灭马厩中的一支蜡烛，而这支蜡烛点燃了整个马厩。火势在堆满干草的马厩里迅速蔓延，赫维留家最好的马匹全被活活烧死了。大火很快就烧到了住宅，在南风的助力下，烈焰迅速地吞噬了伊丽莎白和约翰这对夫妻的家，烧毁了房中几乎全部的器械、藏书、手稿和其他财产。虽然勇敢的邻居们尽了最大的努力把未烧着的东西从窗口扔出火场，抢救出了一些天文学著作，但赫维留的绝大多数工作成果以及他的整个天文台在这场火灾中全数尽毁。

　　因此，当波兰国王约翰·索别斯基三世对这位遭受了巨大损失的天文学家伸出援手，出资重建他昔日辉煌的天文台时，赫维留自然感激得无以复加，只能用一种方式来表达他的谢意：1684 年，他在星空中添加了盾牌座——"索别斯基之盾"。

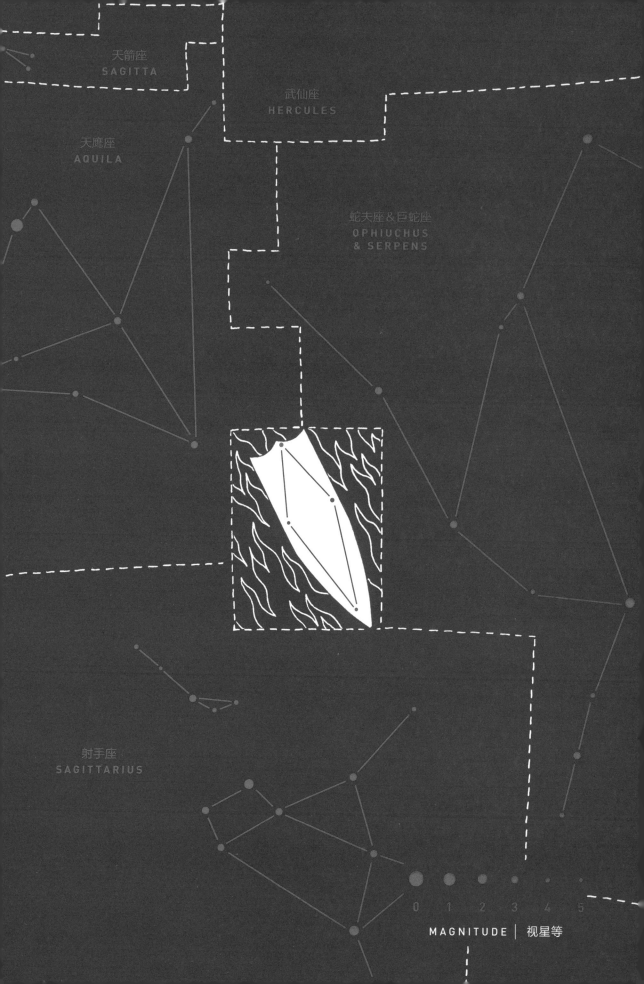

天箭座
SAGITTA

武仙座
HERCULES

天鷹座
AQUILA

蛇夫座&巨蛇座
OPHIUCHUS
& SERPENS

射手座
SAGITTARIUS

0 1 2 3 4 5

MAGNITUDE｜视星等

Sextans

Sex/Sextantis

The Sextant

六分仪座

形　象_	**六分仪**
缩写 I 拉丁名_	**Sex**
属格 I 拉丁名_	**Sextantis**
体量等级_	47
星　群_	无

与天上的六分仪有关的六则富有启发性的小知识

1. 这台六分仪和航海用的六分仪有所不同。航海时使用的六分仪是用来测量天体与地平线之间的夹角，这一台则是用来测量星星的位置的。然而它们的刻度弧都是60度，都是一个圆的六分之一。（六分仪的拉丁名"sextant"，含义即为"六分之一"。）

2. 别跟《哈姆雷特》里那个掘墓人的职位搞混了，那是教堂司事（sexton）。

3. 这个星座里的三颗星组成了星官"天相"，在中国占星学中，这个星官代表的是天庭中的宰相。

4. 这个星座是用来纪念**约翰·赫维留**的那台黄铜六分仪的——他也是这个星座的命名者——这台仪器和他那著名的天文台在1679年毁于一场火灾。（有一幅感人的插图描绘了天文学家本人和妻子**伊丽莎白**一起使用这台六分仪的场景。）

5. 它纪念的不是由帖木儿国王兼天文学家乌鲁伯格建造的撒马尔罕天文台的那台118英尺宽的六分仪。那座天文台兴建于15世纪20年代，毁于1449年，它虽然是阿拉伯世界最伟大的天文台之一，却直到1908年才重见天日。

6. 它的原名是"Sextans Uraniae"，意为"**乌剌尼亚的六分仪**"，因希腊神话中掌管天文学的缪斯女神而得名。

巨蟹座
CANCER

狮子座
LEO

巨爵座
CRATER

长蛇座
HYDRA

0 1 2 3 4 5

MAGNITUDE │ 视星等

唧筒星座　ANTLIA

Taurus

Tau/Tauri

The Bull

● ●

金牛座

形　　象_	公牛
缩写 I 拉丁名_	**Tau**
属格 I 拉丁名_	**Tauri**
体量等级_	17
星　　群_	天空之G、毕星团、昴宿星团、V字、冬季八边形、冬季大椭圆

两则关于牛这种动物如何点燃金牛座"犄角"上群星的情欲之火的故事。这两则故事都和好色的**宙斯**有关系，对此读者们现在应该不会感到意外了吧。

第一则是**伊俄**的故事：不如说是"又一则"这位处处留情的神祇始乱终弃、留下女方独自受苦的故事。这个故事的开头也和别的差不多：从前有一个美丽的姑娘，然后宙斯爱上了她，并且——用古人委婉的说法——夺去了她的贞洁。当宙斯的妻子**赫拉**当面质问出轨的丈夫时，这位大神又对她撒了谎。"那个女孩我连碰都没碰"，他厚着脸皮说道，眼睛却不敢跟妻子对视。为了保护年轻的伊俄——他反复无常的心此时对她还怀有一丝柔情——宙斯把她变成了一头小母牛。可是赫拉宣布这头小牛归自己所有，并派了百眼巨人**阿尔戈斯**去看守她。宙斯不想被妻子的计谋压过一头，就打发**赫尔墨斯**去把伊俄偷回来。赫尔墨斯用轻柔的笛声让阿尔戈斯入睡，并趁机砍掉了他的脑袋，释放了可怜的伊俄。作为报复，赫拉放出了一只牛虻，它无时无刻不纠缠着变成小母牛的伊俄，叮她、吵她，使她片刻不得安宁。而阿尔戈斯的一百只眼睛则被天后装饰了孔雀的尾羽。

第二个是掠夺欧罗巴的故事：这个故事在"牛"这个要素上有个颠倒——宙斯没有把情人变成母牛，而是把自己伪装成了公牛。欧罗巴自然也是一个年轻可爱的姑娘，

她的父亲是腓尼基的国王阿革诺耳。宙斯也照例用色眯眯的眼神——虽然这一次他可能的确动了一些真心——观望着这位公主，看着她和女伴们在沙滩上嬉戏玩耍，纤细的脚踝轻盈地在浪花中舞蹈。在诡计多端的儿子赫尔墨斯的劝诱下，宙斯想出了一条妙计。阿革诺耳王拥有一群上好的奶牛，赫尔墨斯把它们从山坡上的牧场赶到了海边，宙斯顺势变成一头牛，混进了缓缓下山的牛群。海滩上的欧罗巴回过头来，发现身后站着一头美丽的白色公牛，它眨着长睫毛的大眼睛温顺地看着她。公主抚摸着公牛的后背，让它舔自己的手掌，用鲜花装饰它弯弯的牛角，最终爬到了这头公牛的背上，让它驮着自己到浅滩上玩。公牛背着公主踏进海水，却没有停下来，而是带着她在海里越游越远。欧罗巴的女伴们只能惊恐地站在岸边，看着那公牛与公主的影子变得越来越小。它把欧罗巴一直带到了克里特岛，在海上留下了一朵朵浪花。

御夫座
AURIGA

英仙座
PERSEUS

白羊座
ARIES

猎户座
ORION

波江座
ERIDANUS

天兔座
LEPUS

0 1 2 3 4 5

MAGNITUDE | 视星等

Telescopium

Tel/Telescopii

The Telescope

望远镜座

形　象_	**望远镜**
缩写 l 拉丁名_	**Tel**
属格 l 拉丁名_	**Telescopii**
体量等级_	57
星　群_	无

　　天冷得要死，我感觉自己好像已在这里站了好几个世纪。那台望远镜分明是我的礼物——还是你送给我的——你自己却霸占着它。

　　"再坚持一下，马上就弄好啦。我觉得没准儿应该整个反过来，这个应该装在这儿。"

　　你又开始摆弄镜片，把什么东西拧了下来，又在原位拧上了一片不怎么透亮的塑料片。我把双手深深插进口袋，重心在两只脚上来回移动。那是一个万里无云的周一夜晚，在污染严重的城市东郊，头顶的星空意外地十分清晰。

　　"怎么就是对不上焦呢？！"

　　你开始不耐烦了，而我也不打算插手，十分钟前我试过一次，但没有成功。

　　很多与**伽利略**同时代的人第一次试用他的望远镜时，都说自己什么都看不到，而他们说的未必就是瞎话。神职人员抵制这种不甚稳定且视线狭窄的器具（当时的望远镜可没有你这会儿折腾的这个那般先进巧妙），未必真的就是因为它支持了**哥白尼**与**开普勒**那些质疑教会权威的反叛思想，而完全可能是因为这东西实在太难用了。当然，哥白尼本人并没有发明**拉卡伊**日后用星座纪念的望远镜。第一台望远镜是荷兰的镜片制造商汉斯·利柏黑试制成功的，他在1608年9月向海牙的议会就此发明申请了专利，当时的描述是"一件可以让远处的所有东西都看起来很近的发明"。

　　"我的老天！"

　　你大呼小叫地蹦了起来，招呼我过去看。我凑过去，透过它看到了月亮。

　　在那一刻之前，月亮对于我来说只是一个空洞无味的比喻。有时它游荡在作家西尔维娅·普拉斯思想的阴暗处；有时它悬挂在窗外，抑郁的诗人菲利普·拉金透过《悲伤的脚步》里的窗帘忧愁地凝视着它，正是这首诗撼动了菲利普·西德尼1591年创作的占星诗《观星者与星》的重要地位。

　　坑坑洼洼的月亮灰白交错，移动迅速，我亲眼看着它在镜头里划过，飞快地离开了我的视野。这就是我们人类登陆过的月亮，直到这一刻我才真实地感受到它的存在。诗人迈克尔·多纳吉写道："那洁白的圆盘闪耀在漆黑的湖中，只有天体物理学者与恋人方能感知。"之前我从不相信，可是现在我确实看到了它绕地球运行的轨迹。

　　你让我看到了月亮，真真实实的月亮。它不是符号，而是爱情最好的表达。

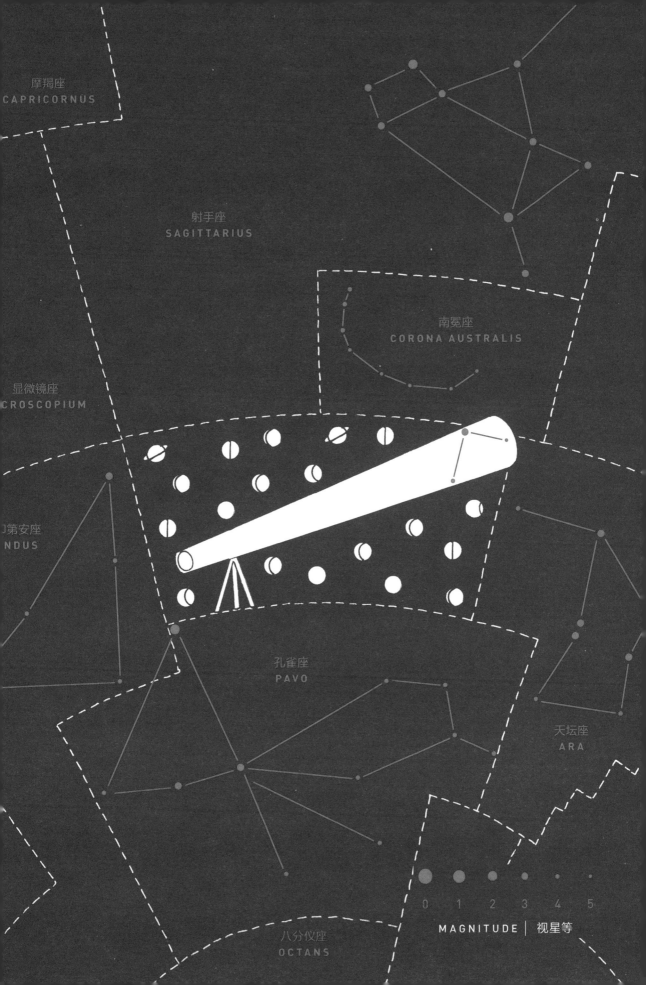

摩羯座
CAPRICORNUS

射手座
SAGITTARIUS

南冕座
CORONA AUSTRALIS

显微镜座
CROSCOPIUM

]第安座
NDUS

孔雀座
PAVO

天坛座
ARA

八分仪座
OCTANS

0 1 2 3 4 5

MAGNITUDE │ 视星等

Triangulum

Tri/Trianguli

The Triangle

三角座

形象_	三角形
缩写丨拉丁名_	Tri
属格丨拉丁名_	Trianguli
体量等级_	78
星群_	无

对于我们这种在考场上经历过漫长而痛苦挣扎的人来说——皱着眉头、挥汗如雨，坐在缺胳膊少腿、摇摇晃晃的小桌子前拼命计算着等腰三角形面积——最终的成绩往往是一个令人绝望的"Delta"[1]。然而，对于擅长数学的古希腊人来说，"delta"是他们字母表的第四位，它对应的数值是4，而它的大写字母正是一个等腰三角形："△"。("delta"的小写字母"δ"看起来有些像竖着放的半个眼镜，或者像没写完的数字"8"的底部。更确切地说，它特别像喝多了的人写出来的小写字母"d"。)这个小三角既能表示科学概念，又可指代独立乐队：对于音乐爱好者来说，"△"是水星奖获得者三角乐队（Alt-J）的标志，因为在苹果的OS系统键盘上摁这两个组合键打出的正是三角符号。而对于那些没这么唯物主义的乐队来说，这个字母是爵士乐的七大主和弦之一。

希腊人的字母"△"来源于腓尼基字母"dalet"——这个字母也是一个三角形，只不过旋转倾斜了一定的角度，如果让你在挂着钟表的冷冰冰的体育馆里计算这个角度，你怕是要浑身颤抖。当然，假如换成希腊博物学家埃拉托色尼的话，这种程度的题目他大概在睡梦中都能解出来。这位数学家、诗人、音乐家与天文学家是地理学的创始人，也是世界上第一个计算地球周长与地轴倾斜角度的人——他计算出的结果竟然惊人地准确。除此之外，也是

这位睿智的希腊人决定把他在星空中发现的那三颗古老的亮星称为"Deltoton"（因为它看起来和"△"实在相像）——用以代表尼罗河的三角洲。

对于罗马人来说，这个星座代表的是西西里，那个一度以特里纳克里亚为名的三角形岛屿——至少神秘的拉丁语作家许癸努斯是这样说的。我们今日所熟知的星座传说很多都来自许癸努斯的说教诗《天文的诗歌》。这部作品直到1482年才在威尼斯首次公开出版，虽然里面蕴含了丰富的星座神话，可它的拉丁语水准实在太差，以至于一些学者认为那只不过是学生抄录其他作品时做的笔记。然而，不管这个许癸努斯到底是谁，我们都是从他那里知道罗马人对这个星座的看法的。在罗马人看来，这个星座代表的是谷神克瑞斯的圣地西西里岛，正是在那里，冥王普鲁托抢走了她的爱女普洛塞庇娜：这个神话被希腊人用来解释室女座所代表的季节变化。

1. 此处指的应该是"D"级成绩。

仙后座
CASSIOPEIA

仙女座
ANDROMEDA

英仙座
PERSEUS

双鱼座
PISCES

白羊座
ARIES

天鲸座
CETUS

0 1 2 3 4 5

MAGNITUDE | 视星等

Triangulum Australe

TrA/Trianguli Australis

The Southern Triangle

南三角座

形　　象_	**南天三角**
缩写 l 拉丁名_	**TrA**
属格 l 拉丁名_	**Trianguli Australis**
体量等级_	83
星　　群_	三圣父

　　"南三角"可不是什么小学生玩的文字游戏，而是与矩尺座和圆规座并列、以测绘工具命名的三个星座之一。后两个星座是由18世纪的法国天文学家拉卡伊定义的，而南三角座在星图上出现得要早一些，早在1603年就已有它的一席之地了。实际上，整整100年前，就有一位名叫亚美利哥·韦斯普奇的意大利航海家发现了这个星座，但它的定义一般还是归功于荷兰的航海家凯泽与德·豪特曼。他们把在南半球航行时的观测记录上交给了天文学家皮特鲁斯·普兰修斯，而后者1589年的天球图又被约翰·拜耳用作编制《测天图》时的参照底本，正是在拜耳星图中首次出现了这个星座。

　　更复杂的是，拉卡伊在他1756年的星图上把这个星座标成了"le Triangle Austral ou le Niveau"（南部三角，或水平仪）；可是伊恩·里德帕斯——如果没有这位可敬的天文学家的著作，我可能永远都搞不明白那些让人头昏脑涨的星体测绘学问题——又是这样告诉我们的：由于误读，历史学家R.H.艾伦错把"水平仪"这个称谓给了旁边的矩尺座，把矩尺座当成了水平仪与角尺（而不是矩尺和角尺），从而误导了几代天文学家。

　　然而，对于几百年来在这个三角形闪亮的三颗星辰指引下辨认方向的导航员来说，这些因素和他们并没有多大的关系。（与北边的三角座相比，这三颗星看起来更小，但是更亮。）作为一个在北半球观测不到的星座，这三颗明亮的星星在南半球航海中发挥着重要的作用，尤其是在GPS、卫星导航技术以及经度测量设备航海天文钟出现之前（本书中时钟座部分讲的就是天文钟的故事）。勇敢的航海家寻找新大陆时，仰望南三角座的星光会使他们安心，而迁徙途中的候鸟也正是在它的指引下飞越大洲。来自欧洲的水手尝试着通过八分仪和星盘掌握星星的导航力量，而他们征服的原住民却只依赖自己的大脑。摇着独木舟的波利尼西亚人运用辅助记忆的歌谣，把古老的导航知识一代一代地传递下去。他们依靠星座的起落辨识方向，把诸多天体运行的轨迹牢牢地刻入脑海，而南三角座正是其中之一。

　　"3"果然是个奇妙的数字啊。

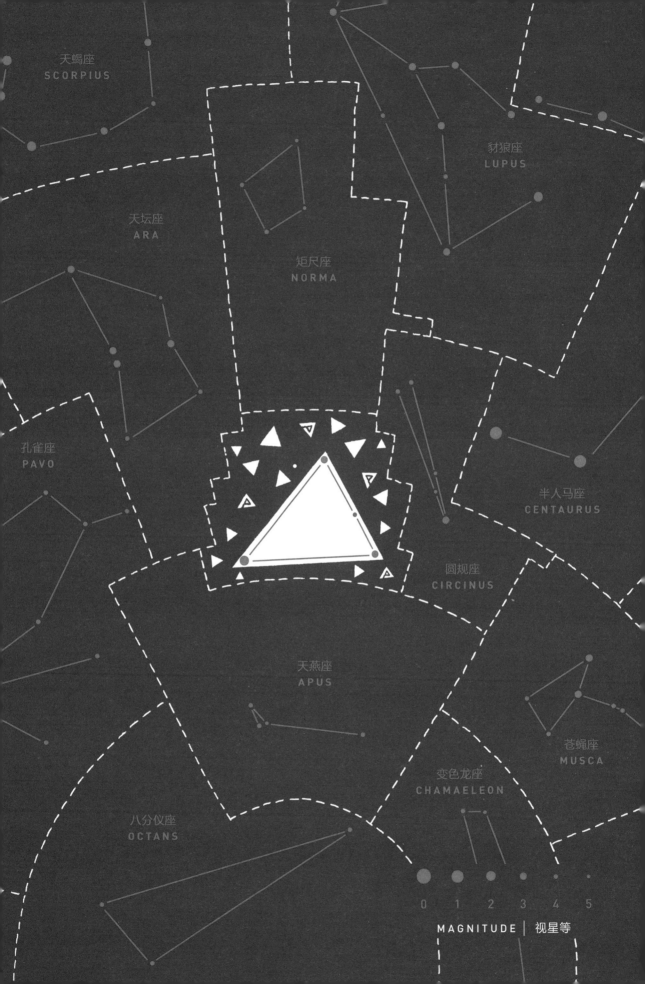

Tucana

Tuc/Tucanae

The Toucan

巨嘴鸟座

形　　象_	**巨嘴鸟**
缩写｜拉丁名_	**Tuc**
属格｜拉丁名_	**Tucanae**
体量等级_	48
星　　群_	无

　　巴西的图皮人和这种热带鸟类已经和平共处了上千年之久，直到它们引起葡萄牙探险家的注意。这种被图皮人称为"tukana"的大鸟的喙像彩虹一样绚丽，初次踏足这奇妙新世界的海外来客对此惊讶得合不拢嘴。在16世纪晚期，勇敢的荷兰航海家**彼得·迪克索恩·凯泽**与**弗雷德里克·德·豪特曼**正式定义这个星座之前，南半球的岛民早已把那些星星的故事讲了几千年。不过，最终把这只鸟和那些星星联系起来并用它的名字命名星座的，还是我们那位扁平足的天文学家**皮特鲁斯·普兰修斯**。

　　因此并没有什么传奇故事来解释那只大鸟为什么会留在星空里。没有善良的巨嘴鸟救护婴儿的传奇义举；也没有它们用巨大的喙把捅鸟窝的淘气鬼活活戳死的阴暗传说——何况巨嘴鸟不会搭窝，它们住在树洞里。但是在距离地球上千光年的巨嘴鸟座之中的确藏着两个有名的深空天体：小麦哲伦星云和球状星团杜鹃座47。而前者的名字背后倒确实有着一段血腥的过往。

　　斐迪南·麦哲伦生于1480年，10岁的时候失去了双亲，又在摩洛哥服役期间因伤致残，终生跛足。可是这个顽强的葡萄牙人后来成长为一位勇敢的航海家与探险家，追寻着所谓的香料群岛——这些蕴含了无限利益的东方岛屿就是位于今日印度尼西亚境内的马鲁古群岛——他试图找到一条向西的行路，并组建了一支远航队，这支舰队在1522年完成了世界上第一次环球航行。麦哲伦也是第一位记录南天夜空中那片氤氲光团的欧洲人。那片直径7倍于月球的星云虽然看起来与银河隔断了，实际上却是一个独立的白矮星星系，其中满是辐射、恒星风、尘埃以及新生的恒星。不幸的是，麦哲伦本人却无法亲眼见证环球航行的完成。葡萄牙人通常会对他们遇到的原住民进行殖民统治和基督教化，但是菲律宾麦克坦岛的领袖拉普－拉普并不愿意被这样征服。当麦哲伦的队伍在这位酋长的领地登陆时，迎接他们的只有一场规模空前的围攻。麦哲伦被一条竹枪刺伤，而岛民们发现了他的身份之后展开了更加愤怒的猛攻。船员们绝望地逃回海上，却发现他们的船长还留在岸上，他被短剑、铁片和狂怒撕碎，失去生命的双眼依旧凝望着他们。

---

1. 中译名"杜鹃座"，其实是一个误译，它的代表形象是一只巨嘴鸟，作者在这一篇中谈论的鸟类也是巨嘴鸟。为方便理解，在此标作"巨嘴鸟座"。

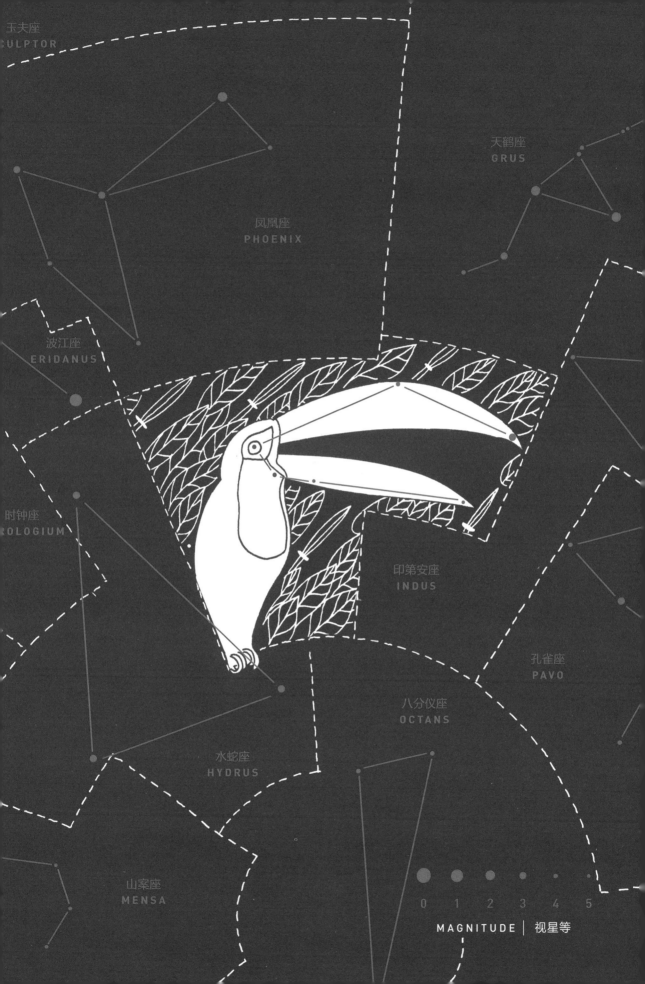

Ursa Major

UMa /Ursae Majoris

The Great Bear

形　象_	大熊
缩写 I 拉丁名_	**UMa**
属格 I 拉丁名_	**Ursae Majoris**
体量等级_	3
星　群_	弧形、棺材架、北斗、马与骑士、指极星

大熊座

　　就是它了。你认识它，那个你一眼就能在夜空里认出来的家伙。那个所谓的"大勺子""犁铧""平底锅"……随你怎么叫都好，反正大熊座中心那个著名的图案（或者说星组），肯定算是为数不多、的确像它所比拟的事物的存在。这个星组是观星者之路的第一步。一旦你能把这七颗亮星轻松地连成勺形，那么你也很快就能顺着那"勺子"最远的一个点——沿着从天璇[1]到天枢[2]的那条线——找到小熊座的北极星。那就是我们当下的指极星，它的位置趋近北极点的正上方，整个星空都可以视作围绕着它旋转。若有一盏神话之灯在夜空中处处投射着奇妙的魔法，那么这颗明星便是它的核心。

　　当然，这一切的前提都是你生活在北半球。对于南半球的人来说，情况就完全不一样了。大熊座在那边可没有那么"大"，它在南纬40度的位置部分可见，到了中纬度地区就彻底从夜空中消失了。没办法，西方霸权也试图把他们的天文学观点弄成唯一的官方正统，就像其他很多东西一样，虽然希伯来人和北美原住民也把大熊座看成一头熊，而德鲁伊教信徒管那个大勺子叫"亚瑟王的犁铧"，这些见解也同样有趣。不过，现在终究不是讨论人类政治的时候，咱们还是稍微放松一点，踢掉脚上的拖鞋，在沙发里坐得舒服一点，听我讲个故事吧。准备好了吗？那我就开始啦！

　　宙斯当然就是那位众神之王、神中之神。**赫拉**既是他的姐妹又是他的妻子。他在四面八方留下了无数的子女，而**阿尔忒弥斯**正是他的私生女之一。她是狩猎女神，也是雄狮与牡鹿等一切野生动物的主宰。她时常携带弓箭到森林与平原上行猎，追随她的是一群发誓终身守贞的仙女。美丽的**卡利斯托**也是这群野性的贞女猎手之一。

　　有一天，这位年轻的仙女在独自寻找做箭杆的树枝时吸引了宙斯的注意。众神之王化身为阿尔忒弥斯的模样，接近天真烂漫的卡利斯托。仙女见到领袖，自然报以甜美的微笑，可是她还没反应过来到底发生了什么，眼前的阿尔忒弥斯就瞬间变成了宙斯。树枝从

1. 又名北斗二，位于北斗七星的勺底。
2. 又名北斗一，位于北斗七星的勺口。

她的手中滑落，她就这样猝不及防地失去了童贞。

我们无从知道她是立刻就诞下了宙斯的神子，还是在森林中苦苦熬过了九个月才分娩。我们只知道她生下了一个名叫**阿卡斯**的儿子，这个孩子由他那品行恶劣的外祖父**吕卡翁**抚养长大。相关内容您可以参看豺狼座的部分，咱们现在要讲的还是大熊座的故事。如今的卡利斯托依然在森林中游荡，只不过这一次她变成了一头大熊。宙斯满心嫉妒的妻子赫拉在狂怒之下对她降下了惩罚，让她细腻的皮肤上长满了粗硬的棕毛，又将她纤细的腰与四肢变成了巨熊隆起的脊背与粗壮的脚掌。

一年又一年过去了，十四年——还是十五年——后，一个明媚的秋日，华盖一般的枝叶间漏下一束束阳光。卡利斯托听见身后的树叶反常地飒飒作响，她寻声望去，只见一位年少的猎手正弯弓瞄准了她。出于母爱的本能，她立刻就认出那个猎人是自己的亲生儿子。卡利斯托哀号着呼喊儿子的名字，可是那在阿卡斯听来只是棕熊愤怒的咆哮。怒吼的巨兽吓坏了少年，他在惊恐中一点点拉满了手中的弓。

未完待续……

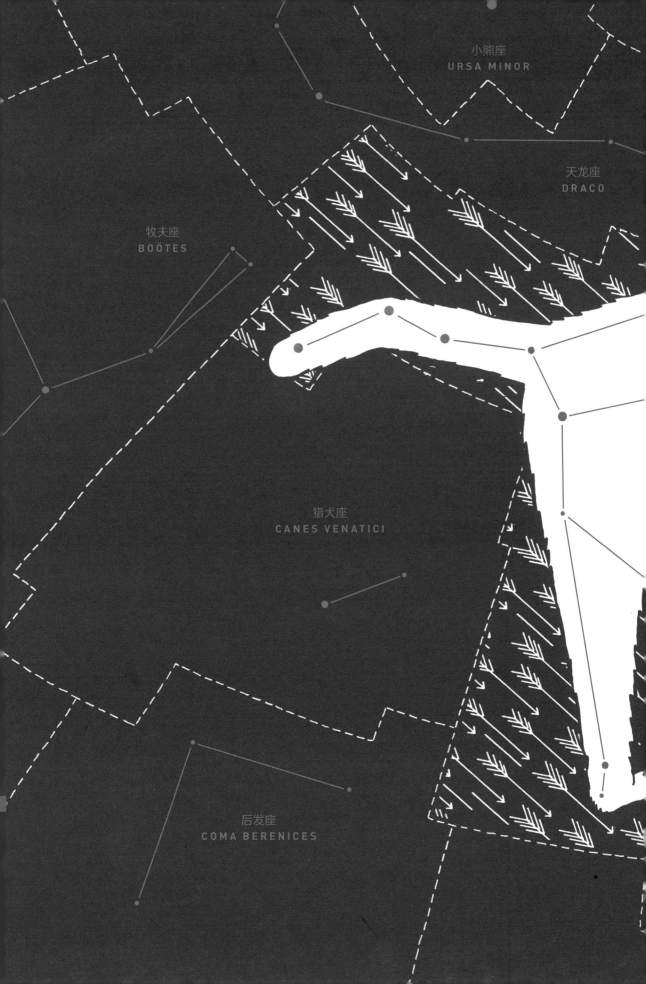

鹿豹座
CAMELOPARDALIS

御夫座
AURIGA

天猫座
LYNX

双子座
GEMINI

巨蟹座
CANCER

小狮座
LEO MINOR

狮子座
LEO

0 1 2 3 4 5

MAGNITUDE | 视星等

Ursa Minor

UMi/Ursae Minoris

The Bear Cub

小
熊
座

形　　象_	熊崽
缩写|拉丁名_	UMi
属格|拉丁名_	Ursae Minoris
体量等级_	56
星　　群_	极地守卫、小北斗

希腊人习惯用大熊座导航，而对腓尼基人来说，小熊座才是在大海上指引方向的星座。就像它那个更有名的同伴一样，你也可以在这只小熊身上找到一个平底锅：那一组犁形的星星被称为"小斗"，它的尾巴就是手柄，这条长长的尾巴尖上正是这个极北星座最有名的一颗星——大名鼎鼎的小熊座 α、广为人知的北极星——这颗亮星距离北天极只有不到半度。天球是由地表投射到天空中的想象的球体，因此北天极就是天球的顶点——换句话说，它就是你在地球北极正上方看到的天球的一点。不过，北极星——或者说小熊座 α——并不一直是我们的"极星"，因为极星应该是天体运行中保持相对静止的一点。而在公元 2 世纪**托勒密**记录下这颗星星时，它和北天极之间的偏差有 11 度之多。这是受了"岁差"——地球的自转轴缓慢而持续的变化过程——的影响。每隔 26000 年，地球的自转轴就会完成一次岁差周期，扫出一个圆锥的形状。地球上所见星辰的运动也会在这一过程的影响下每 72 年移动 1 度。

可是我又为什么要唠叨这些天文学现象呢？各位刚刚读的大熊座的故事不是恰好在紧要关头戛然而止了吗？可怜的**卡利斯托**现在变成了一头森林中的熊，她毫不知情的儿子**阿卡斯**正弯弓搭箭，瞄准了亲生母亲。

幸运的是，她的命运并没有终结于儿子的箭下，众神终于行动了起来：宙斯在千钧一发之际出手，打断了这场即将发生的弑母行为。他让年轻的阿卡斯也变成了一只小熊，这样他就能听懂母亲的哀叫了。为了不被利爪挠伤，宙斯轻轻捏起两只熊的尾巴，在空中抡了几圈，把它们径直甩进了群星之中（这就是为什么大熊座与小熊座的尾巴比一般的熊尾巴长很多）。可是醋意未消的**赫拉**还是不满意，她动身前往兄弟**波塞冬**的海底宫殿，恳求他永远不要允许那两只熊在天海中洗澡。波塞冬满足了姊妹这个报复性的请求。正是由于这个缘故，大熊座和小熊座在（故事发生的）北半球的绝大多数地方都不会沉到地平线以下。与此恰恰相反的是，对于住在里约热内卢或者爱丽丝泉[1]的南半球观星者来说，这两只熊永远不会从地平线升起。

1. 澳大利亚的一座城镇，也是大洋洲大陆的地理正中心。

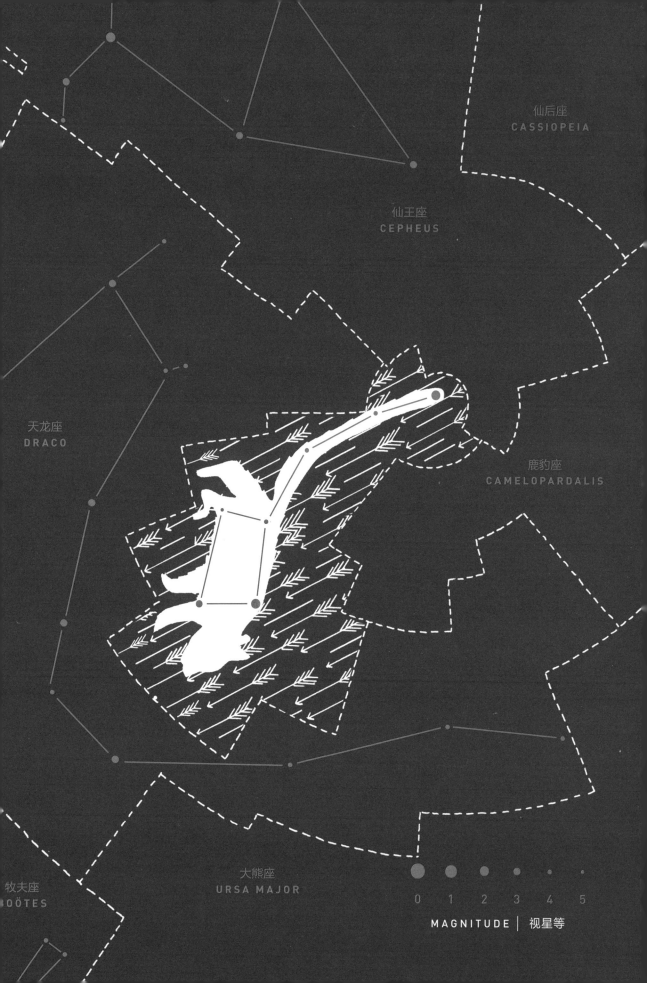

仙后座
CASSIOPEIA

仙王座
CEPHEUS

鹿豹座
CAMELOPARDALIS

天龙座
DRACO

大熊座
URSA MAJOR

牧夫座
BOÖTES

MAGNITUDE │ 视星等

0   1   2   3   4   5

Vela

Vel/Velorum

The Sail (of Argo Navis)

●●

船
帆
座

形　　象_	（"阿尔戈"号的）船帆
缩写	拉丁名_	**Vel**
属格	拉丁名_	**Velorum**
体量等级_	32
星　群_	无

伊阿宋与阿尔戈英雄：倒述的英雄传奇

（五十个希腊英雄……下略）

第三部分：船帆

　　宙斯的宠物山羊驮着**佛里克索斯**与**赫勒**飞过天际。它刚刚把这一对小姐弟从阿塔马斯王的祭坛上抢救下来——他们被继母伊诺的奸计所害，下一刻便要被当作牺牲品杀死——带着他们向东飞往科尔基斯。夜晚的气温很低，头顶的星空因为距离近而显得愈发宽广，佛里克索斯紧紧地抓着金山羊的羊毛，赫勒却逐渐失去了坚持的力气。佛里克索斯感觉姐姐纤细的双臂似乎松开了自己的腰，连忙惊恐地回头看去，却只见赫勒径直坠入了大海。吞噬她的深渊——达达尼尔海峡——便因此被古希腊人称为赫勒斯滂海峡。平安抵达科尔基斯之后，悲伤的佛里克索斯在黑海边把金山羊作为祭品献给**宙斯**，以此感谢他的庇佑。山羊金灿灿的羊毛被他送给了当地的统治者**埃厄忒斯王**，埃厄忒斯便把它挂在战神**阿瑞斯**圣林中的一株橡树上，又安排了一条不眠不休的恶龙把守。

　　多年之后，佛里克索斯早已作古，一位单穿一只鞋子的男子来到了伊奥尔科斯——那正是赫勒姐弟逃离的故土——出现在珀利阿斯的门前。珀利阿斯从自己的异母兄弟埃宋手中篡夺了的王位。埃宋夫妇担心新生的幼子被篡

位者杀害，便只好把这个襁褓中的婴儿藏在皮利翁山中，交给教养了无数英雄的半人马**喀戎**。珀利阿斯依然稳坐王位，扰乱他心绪的只有一条预言：他必须当心只穿一只鞋的男子，因为这个人将为他带来死亡。

　　而**伊阿宋**本人——那个赤着一只脚站在惊恐的国王面前的青年——却对这个预言一无所知。他只知道自己出生时的本名并不是"伊阿宋"，而且要从珀利阿斯手中夺回原本属于他的王位。珀利阿斯尽管不敢否认眼前的青年与生俱来的权利，却还是想出了诡计拖延：他愿意把王位让给伊阿宋，但是伊阿宋必须先前往科尔基斯，把金羊毛和萦绕在伊奥尔科斯不肯消散的佛里克索斯的幽魂带回来——在国王看来，伊阿宋是根本不可能完成这项任务的。

　　然而，此时站在珀利阿斯面前的是个铁骨铮铮的男子，一个以英雄的方式养大、饱受伤痛的灵魂。仅仅用了两周的时间，他就在**雅典娜**的帮助下建成了一艘大船，与阿尔戈英雄们一起扬起了风帆。

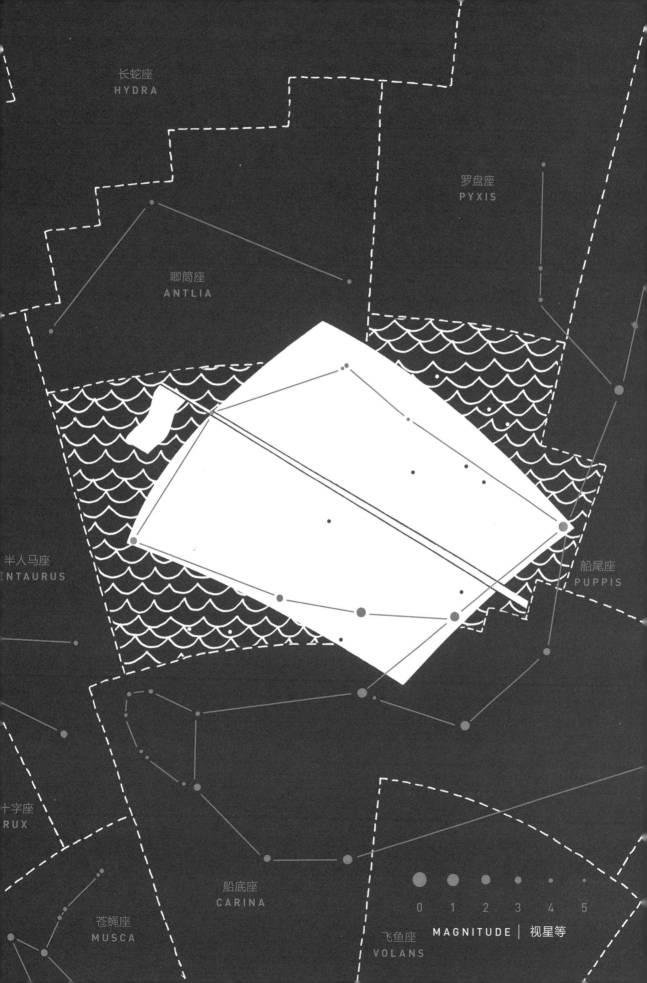

Virgo

Vir/Virginis
The Maiden

● ●

室女座

形　　象_	**少女**
缩写	拉丁名_	**Vir**
属格	拉丁名_	**Virginis**
体量等级_	2
星　　群_	室女的宝石，春季大三角，Y字

　　它逐渐在你寒冬中瑟缩成一团的骨髓深处醒来了，那沉睡的光明与希望。然后你看到了水仙花，还有美丽的傍晚。傍晚！你简直要忘了白天不应该在你下班之前就直接变成了黑夜。春天，春天终于来了！很快，这令人心跳加速的春日就酝酿成了初夏，整个世界都兴奋地旋转：一切早已不是初生的状态，却也还没有完全成熟；阳光已经变得温暖，而空气还是凉丝丝的；万物都在生长与绽放，处处都是丰收的喜悦，但是收割庄稼的时刻还没有到来。跨越时间与地域，这个时节对各处的人们而言都宛如一位处子——丰满、富饶、多产、成熟的时刻已经来临。所以，也只有在这个季节里，你仰望星空时能发现一位处女的倩影，她手里拿着一枝麦穗或者一束谷物。那就是乘着纯洁的羽翼飘舞于夜空的室女座。

　　古巴比伦人叫她伊什塔尔，或者亚斯她录[1]，又或者阿施塔特。埃及人则把她与司掌魔法、生殖与母性的女神伊西丝联系在一起。室女座的星光唯独在这个短暂而热烈的季节最为明亮，盎格鲁-撒克逊的异教徒们会在此时向他们掌管春天与生殖的女神厄俄斯特献上彩色的鸡蛋，在庆祝新生的节日里把这些色彩斑斓的小护符留在墓石之上。这个习俗日后演变成了基督教的复活节[2]。室女座虽然是星空中第二大的星座，它的天体却比较暗淡，只有它的最亮星是一等星——蓝色或蓝白色的角宿一（Spica），就像它的拉丁名一样，代表着那少女手持的麦穗[3]。沙漠中的阿拉伯人有时也称那颗孤独的亮星为"阿茨梅克（Azimech）"——来自阿拉伯语的"al-simāk al-a'zal"，意思是"孤立无援的"。这颗亮星虽然看似孤单，却很容易用裸眼找到，如果遵循那句观星者的古谚语，就更容易找到它了："要找角宿一，先找大角星。"具体说来，如果您沿着大熊座里的北斗七星的勺柄向南画一条线，穿过牧夫座的大角星，然后继续延伸，您就能找到室女座α——旧日英国所谓的"处女之刺"。

1.《圣经》中提及的腓尼基人的丰饶神与爱神，主神巴力（Baal）的妻子与妹妹。与之对应的是希腊神话中的阿芙洛狄特（而巴力对应的则是她的兄弟阿瑞斯）。

2. 女神的名字是Eostre，复活节则是Easter。

3. "角宿一（Spica）"这个名字来源于拉丁语的"spica virginis"，意为"处女的麦穗/谷穗"。

可我们不是在阿尔比恩⁴，而是在西西里的草甸，珀耳塞福涅纤细的手指正抚过那长长的草叶，不时摘下一两朵花。微风吹拂着她的长发，少女弯下身子去嗅一朵盛开的水仙，脚下的大地却突然裂开一个大口，她从那里径直坠入了冥府。她那天晚上没有回家，第二天也没有，她心急如焚的母亲**德墨忒尔**焦灼地寻找着女儿的下落。因为德墨忒尔是掌管作物的女神，田野里的庄稼由于她的伤痛而纷纷枯萎。她询问了天上的大熊夜里有没有看到什么异常，但目击了那起事件的只有太阳神**赫利俄斯**。德墨忒尔从他那里得知，是冥界之王**哈迪斯**抢走了那个纯洁的少女——她是哈迪斯的侄女——她立刻火冒三丈地找到孩子的父亲**宙斯**，逼着他把女儿救出来。

而狡诈的哈迪斯耍弄了一个残忍的诡计。就像所有乖巧的好女孩一样，珀耳塞福涅知道，冥界的食物一口都不能吃，否则就再也无法回到生者的世界了。因此在冥府逗留期间，这位被劫持的少女连一粒面包渣都没有沾过。可是就在她将重获自由的消息传到冥府时，叔父哈迪斯为她准备了一顿告别的盛宴。他为她献上最好的面包与美酒，珀耳塞福涅却丝毫不受诱惑，直到他将一只石榴送到她手中。少女终于忍不住了，她吃了六颗汁液饱满的石榴籽，而正是这六颗小小的石榴籽决定了她的命运。她跨越了那道边界，因此每年三分之一的时间她必须在冥府中度过，寒冬便在那段时间降临，大地披上丧服，谷物纷纷枯萎。而珀耳塞福涅重返人间之时，便是万物复苏的春日。

---

4. Albion，不列颠岛的古称和雅称。

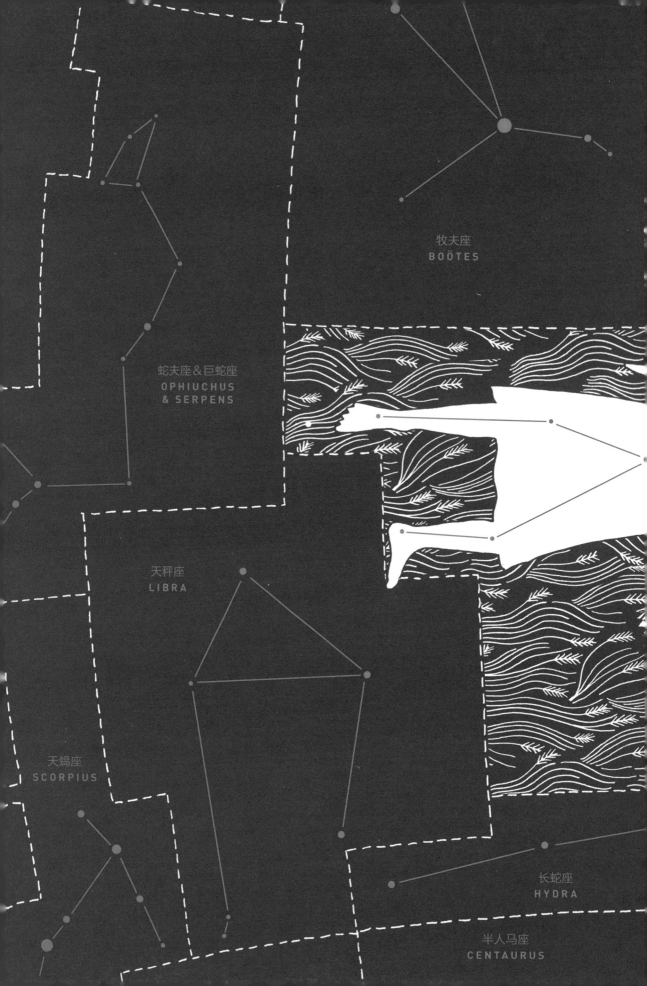

牧夫座
BOÖTES

蛇夫座＆巨蛇座
OPHIUCHUS
& SERPENS

天秤座
LIBRA

天蝎座
SCORPIUS

长蛇座
HYDRA

半人马座
CENTAURUS

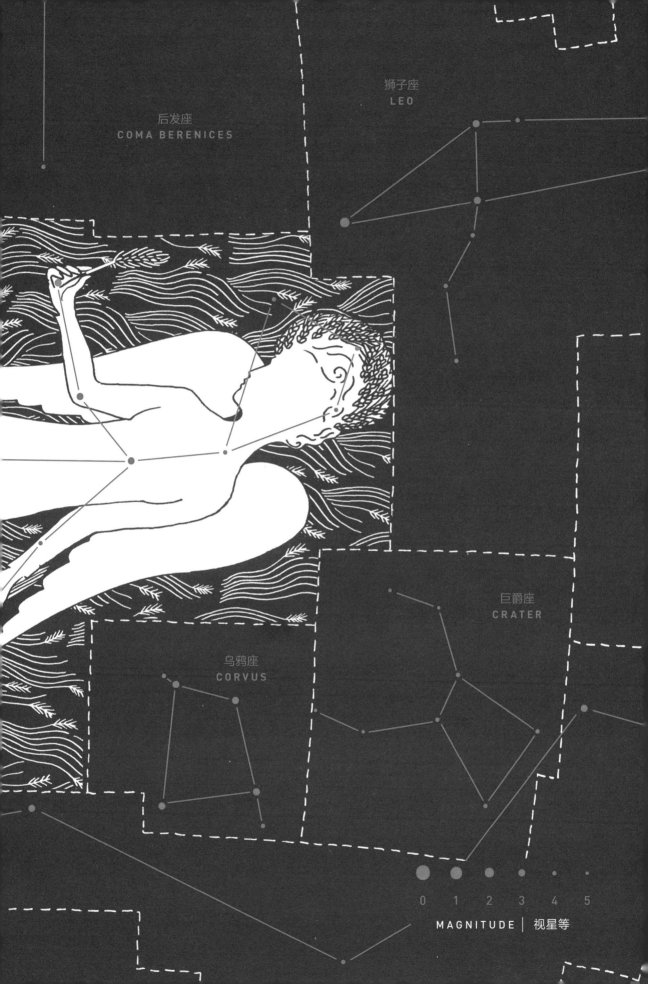

后发座
COMA BERENICES

狮子座
LEO

巨爵座
CRATER

乌鸦座
CORVUS

0 1 2 3 4 5

MAGNITUDE │ 视星等

Volans

Vol/Volantis

The Flying Fish

飞鱼座

形　　象_	**飞鱼**	
缩写丨拉丁名_	**Vol**	
属格丨拉丁名_	**Volantis**	
体量等级_	**76**	
星　　群_	**无**	

　　试吟俳句一首，咏16世纪末黄昏一幕：漫长的一天结束，疲惫的探险家**彼得·迪克索恩·凯泽**向船外眺望，只见一条飞鱼低低地掠过人类未曾涉足的热带海洋。

　　鱼生双翼，舟亦乘风
　　两相望
　　皆作异象奇观

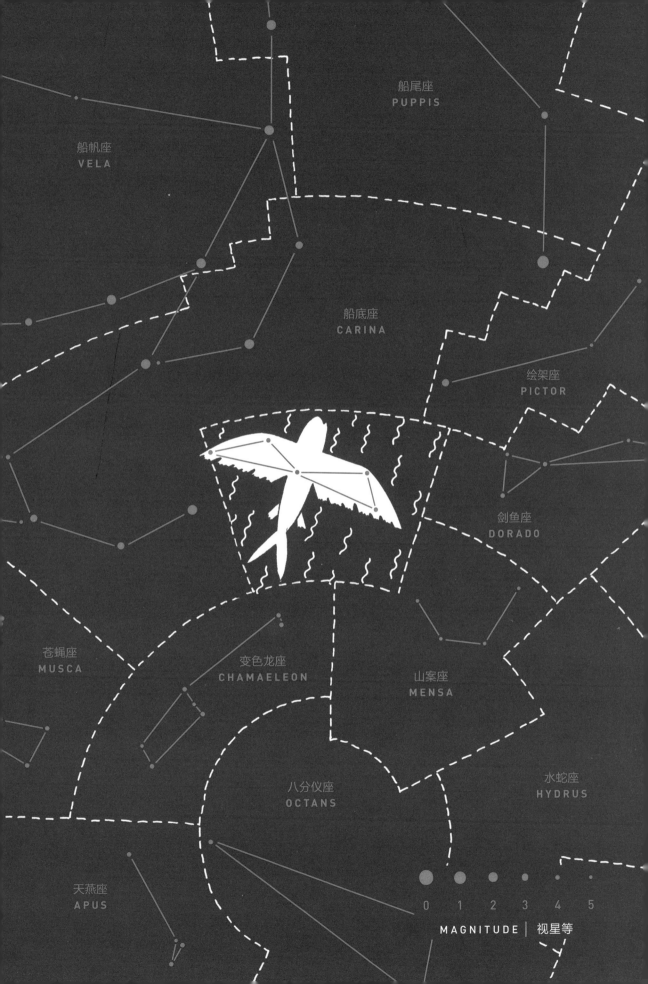

船尾座
PUPPIS

船帆座
VELA

船底座
CARINA

绘架座
PICTOR

剑鱼座
DORADO

苍蝇座
MUSCA

变色龙座
CHAMAELEON

山案座
MENSA

八分仪座
OCTANS

水蛇座
HYDRUS

天燕座
APUS

0 1 2 3 4 5

MAGNITUDE │ 视星等

Vulpecula

Vul/Vulpeculae

The Little Fox

● ●

狐
狸
座

形 象_	**小狐狸**
缩写 l 拉丁名_	**Vul**
属格 l 拉丁名_	**Vulpeculae**
体量等级_	55
星 群_	无

在父亲讲给我的版本里，那个故事是关于一只狐狸、一只母鸡和一口袋玉米的。而在中世纪早期的数学教材《磨炼青年人的命题集》（*Propositiones ad Acuendos Juvenes*）[1]里，需要过河的又变成了一只狼、一只绵羊和一棵卷心菜。

在我小时候，下班回来的父亲把我抱在膝盖上，给我讲这个我听过许多遍（却永远记不住怎么解）的谜语作为睡前故事——威士忌的气味总能把我带回过去。当然，彼时的我浑然不知那是著名的"过河问题"，更不知道这个问题最早可以追溯到公元8世纪，其流传范围甚广，从罗马尼亚到津巴布韦，从苏格兰到喀麦隆，人们都曾为它绞尽脑汁。

从前有个农夫去赶集。他买了一只狐狸、一只鹅，还有一口袋豆子。想着老婆看见这肥嘟嘟的大鹅、毛茸茸的狐狸、满满一袋的豆子时开心的笑容，农夫高兴极了。

他带着买来的东西来到河边，因为他得划船渡过河去才能到家。可是当他坐上那条漆成蓝色的小船时才发现船的空间不够大，只装得下狐狸、鹅和豆子口袋中的一样。所以他一趟只能带一样东西过去，把剩下两样留在岸边。

如果他把狐狸和鹅留在岸边，带豆子过去，那么狐狸就会吃掉鹅；如果他带狐狸过河，留鹅和豆子在岸边，那

么大鹅就会吃掉豆子。大伤脑筋的农夫不由得挠起了头。

他要怎么做，才能把这三样东西都平安带给他家里饥肠辘辘的老婆呢？

历史上并没有与这个星座相关的传说故事。可是1687年，波兰天文学家约翰·赫维留在给它命名为"Vulpecula cum Ansere（带着鹅的小狐狸）"的时候，他脑子里想的没准正是这个谜题吧。

就像当年坐在父亲膝盖上的我一样，几百年来的天文学家似乎也忘了这个谜题的正确解法，而且那只鹅现在已经从星座里消失了，大概是被狡猾的狐狸吃掉了吧。不过，也有人说那只倒霉的大鹅藏到这个星座的最亮星里面去了，毕竟狐狸座 α 还有一个叫作"Anser（雁属）"[2]的别名嘛。

1. 编写者为约克的阿尔昆（Alcuin of York，736—804），他是一位出生于英国的学者、僧侣、诗人及教育家。
2. 这颗星对应的中文译名是"齐增五"。

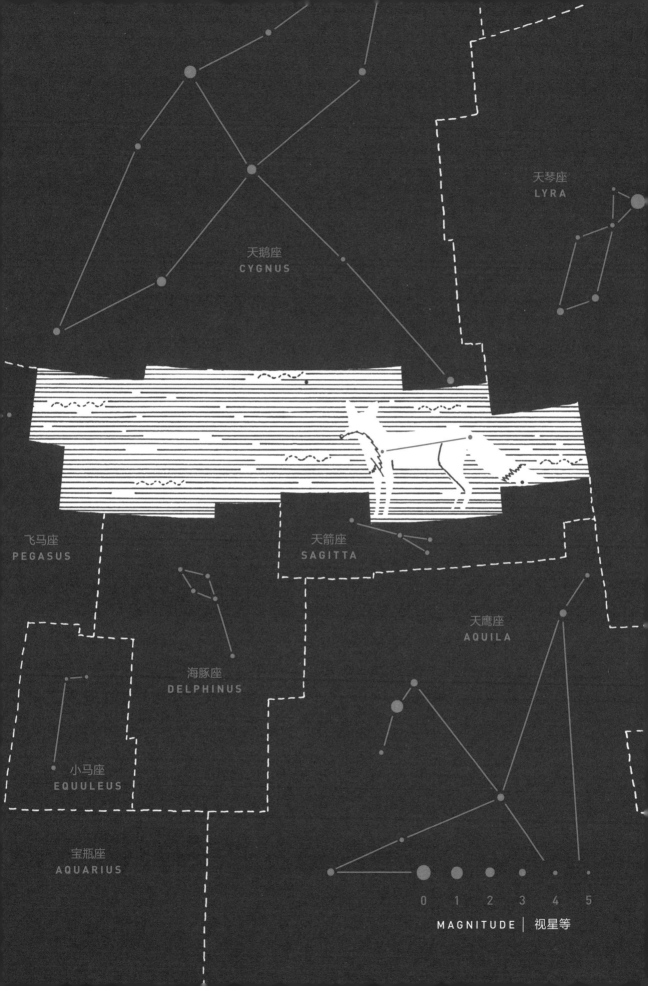

图书在版编目（CIP）数据

星空故事：88站夜空漫游指南 /（英）苏珊娜·希斯洛普著；（英）汉娜·沃尔德伦绘；夏高娃译. —北京：北京联合出版公司，2019.6
ISBN 978-7-5596-3014-8

Ⅰ.①星… Ⅱ.①苏… ②汉… ③夏… Ⅲ.①星座-普及读物 Ⅳ.①P151-49

中国版本图书馆CIP数据核字（2019）第050290号

北京市版权局著作权合同登记号：01-2019-1678号

Copyright © Susanna Hislop 2014
Illustrations © Hannah Waldron 2014
First published as STORIES IN THE STARS by Hutchinson. Hutchinson is part of the Penguin Random House group of companies.

星空故事：88站夜空漫游指南

作　者：[英]苏珊娜·希斯洛普　　　绘　者：[英]汉娜·沃尔德伦
译　者：夏高娃　　　　　　　　　产品经理：魏　傩
责任编辑：孙志文　　　　　　　　版权支持：张　婧

北京联合出版公司出版
（北京市西城区德外大街83号楼9层　100088）
北京联合天畅文化传播公司发行
天津丰富彩艺印刷有限公司印刷　新华书店经销
字数 178千字　787mm×1092mm　1/16　印张 13.25
2019年6月第1版　2019年6月第1次印刷
ISBN 978-7-5596-3014-8
定价：326.00元

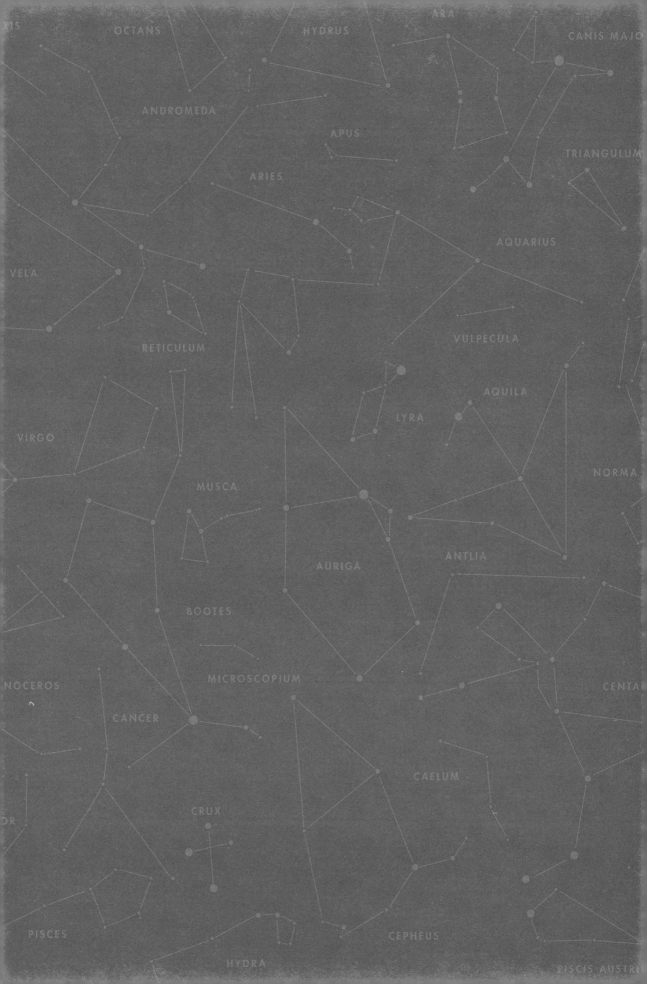

星空故事：88站夜空漫游指南

产品经理：魏 傰	出版监制：辛海峰　陈 江
装帧设计：人马艺术设计·储平	特约编辑：金宛霖　丛龙艳
	责任印制：赵 明　赵 聪